秋叶 特训营

# 精力管理7堂课

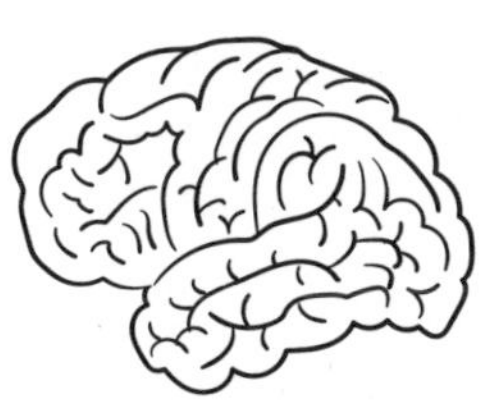

瑞米 著

人民邮电出版社
北京

**图书在版编目（CIP）数据**

精力管理7堂课 / 瑞米著. -- 北京 : 人民邮电出版社, 2021.11
（秋叶特训营）
ISBN 978-7-115-55274-7

Ⅰ. ①精… Ⅱ. ①瑞… Ⅲ. ①成功心理 Ⅳ. ①B848.4

中国版本图书馆CIP数据核字(2020)第221988号

## 内 容 提 要

本书以 7 堂课的形式，系统地总结了进行良好的精力管理所需的 7 个方面的提升——理念打造、目标提升、专注力改善、情绪保障、体能提升、合作管理和习惯养成。

书中所讲述的内容基于心理学的理论基础，提炼了作者多年的实践经验，包含经 10000 多名学员验证的高度实操性工具，能帮助读者针对精力进行有效管理，避免走弯路：一方面帮助你提高精力的使用效率，让你在有限的时间内用更良好的状态完成更多的事，另一方面帮助你给精力总量“扩容”，让你一天中的精力总量得到提升，实现在日常工作和生活中精力的开源、节流、扩效能；最终建立一套自带提升加速度的精力管理系统，提升能量与效率，彻底摆脱忙、乱、累的状况。

本书适合各种需要精力管理的人士，包括感觉“忙乱累”但缺乏掌控感的职场新人、企事业单位管理者、忙到“飞起”的创业者、兼顾多种角色所以想要平衡工作与生活的宝爸宝妈等——每一个在工作与生活中缺乏掌控感的人。

◆ 著　　　瑞　米
责任编辑　李永涛
责任印制　王　郁　彭志环

◆ 人民邮电出版社出版发行　　北京市丰台区成寿寺路 11 号
邮编　100164　　电子邮件　315@ptpress.com.cn
网址　https://www.ptpress.com.cn
三河市中晟雅豪印务有限公司印刷

◆ 开本：700×1000　1/16
印张：15　　　　　　2021 年 11 月第 1 版
字数：201 千字　　　2021 年 11 月河北第 1 次印刷

定价：69.90 元

读者服务热线：(010)81055410　印装质量热线：(010)81055316
反盗版热线：(010)81055315
广告经营许可证：京东市监广登字 20170147 号

# PREFACE 前言

精力管理是每个人都应该且都可以掌握的一种能力。当我们通过练习熟练掌握了这项技能后，在工作和生活的方方面面，我们都会变得更有效率且轻松舒畅。

当我们想要进行精力管理时，首先要明确自己的精力水平和规律，因此本书开篇先向大家介绍了精力水平自测方法。而进行精力管理的底层逻辑，也就是精力管理的本质，是由状态和能量驱动的自我管理，通过一系列科学的操作给你的精力开源、节流、扩效能。

精力管理包含 4 个维度，它们根据自身涉及的人体能量从低到高排列，分别是体能、情绪、专注力和目标意义感维度。进行精力管理就是要做好这 4 个方面的管理，用科学的改善方法在这 4 个维度进行开源、节流、扩效能。

同时，现代社会的精力管理还涉及如何最有效地与别人合作。良好的合作，能帮你节约精力、提高效率；恶劣的合作，会让你身心俱疲、消耗倍增。

当我们随着年龄的增长逐渐出现体能不支的情况时，要从饮食习惯、运动习惯、睡眠习惯这 3 个方面进行改善和提升。进行精力管理，最重要的就是要使这 3 个方面的科学方法渗透到日常的工作与生活中。本书提供给你的技巧都非常简便有效。

良好、积极的情绪促进精力提升，让你感到心情愉悦、精力充沛、能量满满；恶性、消极的情绪，则消耗我们的精力，降低效率。人类的身体与精神互相作用，形成了循环：你可以通过改善体能来提振精力，也可以通过主动提振积极情绪来改善身体能量。长期保持这两个方向的交互作用，会帮助你的身体进入正向的身体—精神循环。

专注力是现代人都非常欠缺的一种能量。有研究显示，现代人的专注力只能保持 7 秒。关于如何顺应心理学和脑科学原理，让我们能快速进入专注状态且长时间保持专注力，以提高效率，真正实现工作效率和业余时间都翻倍，书中给出了很多提示和方法。

如果你能通过书中介绍的方法找到自己的人生价值排序和指引方向的“北极星”，那么你就可以从根源上提升自己的能量水平和价值感受度。毫无疑问，这些操作会成倍提升你的精力水平。

不论是在工作还是生活中，高效、优质的合作总能带来事半功倍的效果。遵循书中介绍的方法，你会感受到“借力使力”的巨大好处。

精力管理是一套自带加速度的自我管理的系统方法，养成习惯非常重要，因此书中的最后一章介绍了对内、对外的几个“精力自动驾驶系统”，希望能帮助你快速找到精力管理的正确渠道。

以上，就是本书围绕精力管理所讲的 7 堂课的主要内容。

道理大家都懂了，关键还是要刻意练习并养成习惯，把精力管理内化成自己工作与生活的一部分。

随着习惯的养成，你会发现，精力管理其实很简单，很多事情的规划越来越简单，你对各个时间段自己的精力水平也掌控得越来越好；就算有时候出现计划外的突发事件，也能轻松地应对。

希望购买了本书的人，都能通过学习精力管理，实现工作和生活的持续优化与升级，达成工作与生活的平衡，保持从容不迫的个人状态，从而实现人生的无限可能。

瑞米

# 目录 CONTENTS

## 7 习惯 开启你的精力自动驾驶系统

1

# 理念

## 精力管理是状态和效率驱动的能量管理

说到时间管理，大多数人知道这个概念，也能说出个一二三的技巧来。但说到精力管理，很多人就懵懂了。很多人会发现，学了很多时间管理的课程，依然改变不了每日疲惫不堪的状态。实际上，生活在数字化的时代，以任务驱动的时间管理已不再是可行的解决方案。我们匆匆忙忙、风风火火，赶场一样参加一个又一个会议，解决一个又一个问题；面对沉重的工作负荷，努力把每一天都安排得满满当当；每天上紧了发条，却发现自己的精力彻底垮了。

一个人一天中有多少时间是固定的，但是一天中我们所能调动的精力却不是恒定的。与时间管理不同，精力管理是状态和效率驱动的能量管理。精力管理的目的就在于：尽管不能挤出额外的时间，也无法彻底减轻自己的压力，但我们可以学会调动对每个人更有价值和意义的资源——精力！管理精力，而非时间，是高效、健康、收获与快乐的基础。科学的精力管理方法，能让你的精力发展进入自带加速度的良性循环。

听起来，人的精力像一种可以不断再生的资源，你是不是很好奇到底人的精力从哪里来？在对症下药地找到改善方法之前，你是不是很好奇自己当下的精力处于什么水平？精力管理都有哪些阶段？精力管理的总体原则是什么？

接下来，就由我——瑞米老师为大家娓娓道来。

# 1.1

# 职场“忙乱累”，你到底在经历什么

很多“90后”把自己描述为“社畜”，这个说法听起来既无奈又心酸。仅仅两个字，就描述出了一种极端的疲惫和无奈。“忙乱累”是职场社畜的真实写照，而最可怕的是，这种“忙乱累”看似付出了很多，却掩饰不住背后他们对人生、对职场没有掌控感、缺乏成就感、无法改变却又不得不继续的无奈。

“鬼知道我都经历了什么！实在太累了！真想放弃。”DJ 来找我做咨询的时候，一副垂头丧气、萎靡不振的样子。

实际上，在这几年来找我做咨询的学员中，DJ 这样的已经不是个案。他们每个人都感觉被生活压得喘不过气来，年纪轻轻身体就不行了，精神、情绪各方面也不好，忙得似乎没有什么成就感，而且无法改变和摆脱这种状况，频繁换工作也是换汤不换药——仿佛自己完全失去了对生活的掌控。

在咨询中我发现，他们过的其实是一种典型的危机四伏的“越来越不堪重负”的生活。用一句话总结就是：很多职场人士在身体、情感、思想和精神的管理方式上都有效能障碍。

而且他们都有一个共同的困惑：

那些能把工作做得游刃有余、井井有条，还吃喝玩乐什么都不耽误的“别人”，到底有哪些高效率的“神仙操作”？我到底怎样才能够彻底改变自己的精力状态乃至人生状态呢？

经过深入、细致的分析，我发现，学员们的效能障碍都可归咎于糟糕的精力管理——要么精力补充不够科学，要么精力使用效率低下，或者两者兼有。且这种效能低下体现在体能、情绪、专注力、目标意义感和合作各个方面。

## 随着年龄的增长，体能下降，导致中青年阶段的慢性压力循环

DJ 今年 35 岁，是一家大型快消公司的区域市场经理，收入还算可以。他的妻子 JM 是大学授课老师，还负责学生心理辅导，寒暑假之外的工作时间比较忙碌。他们有一个 3 岁的儿子，住在北京一处不大的房子里，每个月的房贷是五位数。DJ 反馈，自己最近这一两年出现了多种效能障碍：精力不济，体力差，没有耐心，易急躁，消极，专注力降低，人际关系缺乏幸福感，缺少热情。

我们来看看 DJ 的“疲惫身体”背后的具体情况：他的“精力水平测试”、简要的病历和全面的营养情况收集表显示，他的饮食不够科学，每周都有几天吃垃圾食品或快餐，血脂水平已经处在正常水平的上限，还存在轻微的尿酸升高（可能会导致痛风）和脂肪肝，所以他经常感到疲劳。而他不进行规律的身体锻炼的原因是“没有时间”。随着年龄的增长，他的精力储备会损失得越来越快，这进而会影响他的情绪和专注力，因此 DJ 进入了慢性压力循环。

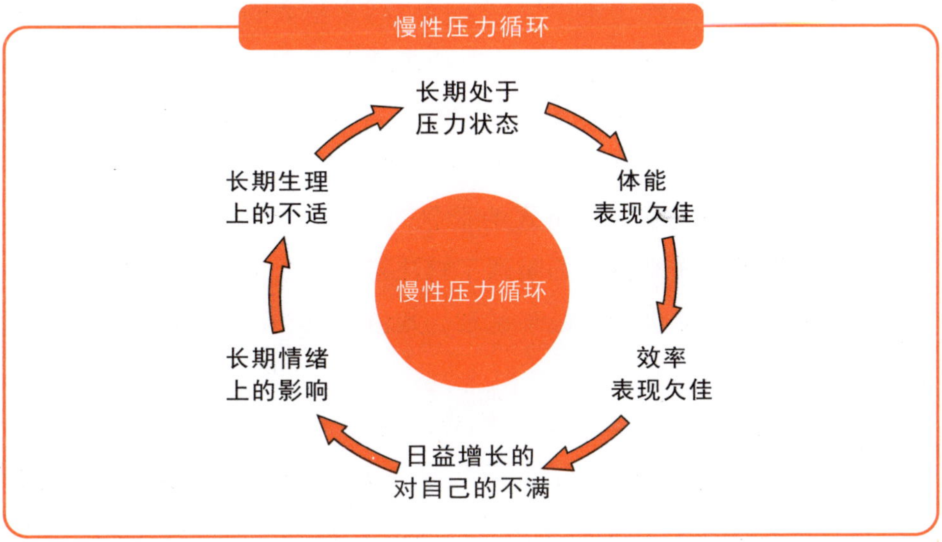


他要做的应该是先去提升自己的体能。可是，该从哪里做起呢？如

何才能在忙碌的高压工作中见缝插针地找到时间提升体能呢？需要养成规律锻炼的习惯吗？养成习惯和付出行动太难了，这是他的困惑所在。

## 注意力很难集中，导致年轻人陷入恶性压力循环

小G是一家在线教育公司的运营助理，刚毕业三年，职业发展谈不上是否处于上升期，但是每天“忙乱累”到怀疑人生。周一到周五的早晨，她永远是闹钟响五遍才能起来，头昏昏沉沉，潦草地洗漱和化个妆，来不及吃早饭，熬过挤地铁的漫长的一小时通勤时间，九点半抵达公司，然后开始一整天“高强度”的工作。最夸张的时候，她同时处理五六个项目，白天座机、手机、微信消息不断，桌面上堆着随时需要翻找的几个项目的文件。她现在一到公司，看到自己的办公桌就开始头疼，经常是中午十一点不到就已经头晕脑胀了，内心极其抗拒工作任务，然后就开始跟同事讨论中午吃什么，以排解压力。到了周末她就“葛优瘫”，如果不需要加班，她能两天不下床，因为平常太累了！她已经意识到自己有了严重的拖延症。

注意力不集中是目前小G最大的问题。我了解到她的老板对她的工作表现越来越不满意，认为她的工作表现已经从A级降到了C+的水平。这种不满意渗透在老板跟她的日常交流中，让她感到受挫，没有成就感。疲劳、与老板沟通不愉快、工作中越来越大的挑战和压力，都使她很难在工作时保持精力集中，经常心烦意乱。在办公室，她一天会收到15~30封电子邮件，还有十几个微信群里的留言，她的生活就是从电子邮件到电子邮件，从命令到命令，从“救火”到“救火”。

她发现自己总是在处理别人的紧急问题，而很少安排自己的日程。经常“乱入”的电子邮件也影响到了她注意的持久度，她发现对任何事务保持长时间精力集中变得越来越难，她似乎也不再有时间从事更长期的项目了。

小G感到自己很少有喘息的机会，随着时间的推移，她的注意力和耐力每况愈下，工作表现更差了，进入恶性循环。而这个恶性的身体—精神压力循环，让她越来越不堪重负：她总是无精打采地开始一天的生活，注意力不够集中和工作效率低下导致她白天的各种表现欠

佳，她疲于应付各种工作任务；每天快下班的时候她都精疲力尽、压力重重、忧虑不堪，这些压力和焦虑导致她下班后再没有心情做自己的事情，晚上又因为间或“自暴自弃式”刷手机到深夜而睡眠不佳，然后又进入第二天的恶性循环。

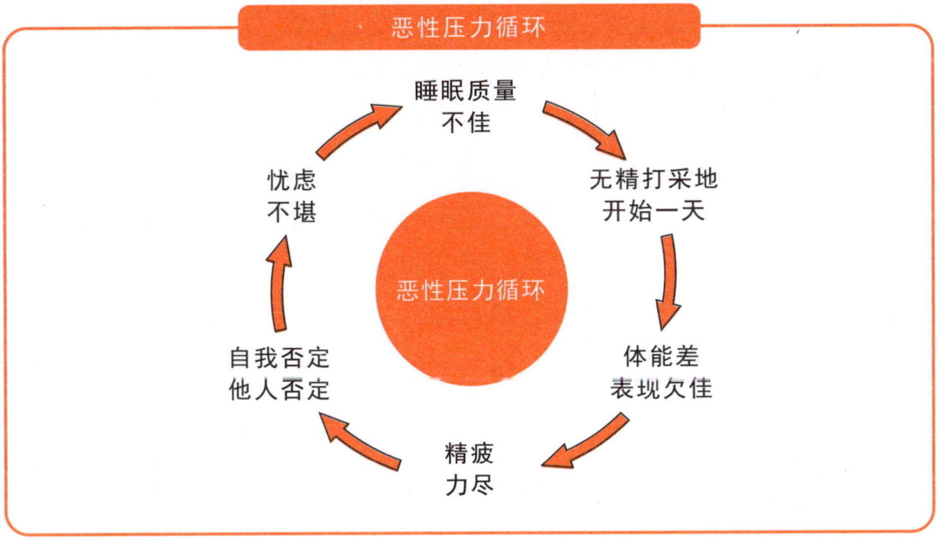


小 G 要做的，是想办法打破这个恶性循环，不管从哪个环节打破都可以，比如先想办法迅速提升自己的专注力。然而她发现，由于在工作中经常被打扰，自己已经很难进入专注状态；即使进入了，持续时间也特别短，甚至专注的时间长了就头疼。长期养成的拖延习惯让她的每件工作都是不到最后期限不动手，到了最后期限就应付了事。她购买了不少提升专注力的书，甚至购买了针对孩子学习的专注力提升图书，但是遇到了一个非常大的难题：书她根本读不下去，更别提应用书中的方法了。不了了之是她的常态。

我给她讲了帕金森定律和事件边界制定法。小 G 终于清楚了解了自己的恶性循环和拖延症产生的心理学原理。应用事件边界制定法之后，她发现自己不仅效率提高了，而且做事更有自信心了，情绪也跟着好了起来。她的老板因为她完成工作突然快起来，也对她进行了肯定，这使小 G 更加积极地去做事。

## 睡眠障碍已经成为快节奏生活中人们无法说出的痛

小 F 是一个名副其实的“程序猿”。要说写代码的过程，确实令他有成就感，但是他怎么就总是这么累呢？“‘996’就是说我们这行的。”小 F 苦笑着说，“什么时候是个头呢？我现在才 31 岁，但是每天都没精神，明显有一种过度疲劳的感觉，身体也不好。可能是因为经常坐着，还总是熬夜，我早晨起不来，一到下午三四点就哈欠连天，自我感觉还不如那些‘抱着枸杞保温杯’的中老年大爷良好呢！最近我甚至发现自己脱发了！”

睡眠问题是小 F 的核心矛盾。其实构成他效能障碍的最明显因素是他管理身体能量的方式。原本从高中一直到大学，他都喜欢打篮球，并为自己健康阳光的形象而自豪。但是现在的他年纪轻轻就超重，脂肪含量过高，并且早就没有运动的习惯了。他的身体充满了隐患，可他其实才 31 岁，离真正步入中年还早得很。“油腻”的感觉呼之欲出，而且脱发问题已经成为他的巨大困扰，他甚至开始觉得有点自卑了，以前的阳光、自信荡然无存。

同时，他的饮食习惯在某种程序上也能解释他精力不济的原因。大多数时候他因为起不来，所以不吃早餐，但是上午 10 点后他常常饿得心慌，无法专注地工作，于是胡乱吃些零食来充饥。午餐他会点速食外卖，有时候也会拿快餐饼或面包充饥，吃肯德基、麦当劳、汉堡王也是常有的事。

到了下午 3 点左右，小 F 的精力就会大幅度下降。实际上，一天里他的精力水平忽高忽低，这取决于他多长时间没吃东西以及他吃的是什么样的含糖食物。晚上小 F 还爱吃宵夜，用他的话说是“累了一天的‘加班狗’一定要用美食犒劳自己”，有时晚上十一二点了，他还要找哥们儿撸串、喝酒、侃大山，这一半是对白天工作压力的释放，一半也确实是想给自己“补充能量”。吃完回家，收拾好准备睡觉时，可能已经凌晨 1 点多了，躺下再刷刷手机……而且，小 F 睡觉的时候老是醒，最多睡四五个小时。睡前喝牛奶什么的对他来说根本不管用，他都在想自己是不是该吃安眠药了。可想而知，睡眠质量这么差，第二天他是什么状态。

小 F 这种行为就叫“报复性熬夜”，也叫“心理性晚睡”，这背后是一种典型的心理防御机制。按照个体心理学开创者阿德勒的说法就是：当人的心理在某方面受挫的时候，就会不自觉地用其他方式或在其他领域弥补这种缺憾。这种机制有一定的好处，可以维持心理的平衡，但如果补偿过度或者方法不对，就会造成很糟糕的影响。

比如，有些人在事业上受挫，工作上没有成就感，就会疯狂地玩游戏，用战胜别人的过程来获得荣誉感；甚至还有人会用坏情绪、语言暴力来获得成就感。这些都是报复性补偿的体现。

心理性晚睡也正是出于这个原因。若你白天花了大量的时间在高强度工作上，留给自己的时间少得可怜，那么到了晚上，出于补偿心理，哪怕再晚，你都会想享受一点自己的时间，来弥补这一天的缺憾。说白了，其实这是大脑对白天生活的一种无声的抗议。

要克服心理性晚睡，最好的办法就是白天主动给自己留一些放松时间，用“主动切换”“主动暂停”的方法进行休息。比如，高强度工作 1 小时，中间歇 10 分钟散散步，看看远方，做个冥想，给朋友打个电话，一边闭着眼睛休息一边聊聊天，买一点健康的零食吃，或者晚上约三五个好友一起吃顿饭，放松、聊天（不要太晚，以 9 点前结束为宜）。你在白天就获得放松，晚上就不会委屈得不行，非要选择疯狂熬夜来弥补。在本书的第 5 课，我还会给大家详细介绍符合医学和心理学规律的改善睡眠、科学休息的方法。

## 工作压力渗透到生活的方方面面，情绪失控成为常态

小 Z 是一名公立学校的幼教老师，但是她加班的强度丝毫不亚于任何在企业里工作的人。在她的描述里，她不但工作量大，而且工作内容很混乱，领导们的想法似乎也一天一变，各种报表、记录又烦琐又耗费精力。她其实很喜欢幼教工作，对孩子也很感兴趣，但是感觉这样忙和乱下去没有奔头，自己的情绪也因为工作压力变得不好了，夜晚她会焦虑和失眠，最近还经常胃痛。她很担心自己会将这种情绪带到与孩子们的相处中，可是又无法排解。她还发现自己对老公和 5 岁儿子的态度也越来越差了，感觉耐心在一整天的工作中几乎消耗殆尽，回到家，一句话不对付就想发脾气。

小 Z 经常感觉疲惫不堪、灰心丧气、劳累过度和怀才不遇，总有一种受害者的感觉：

"我觉得自己在挣扎，我要还买房、买车的贷款，还要为孩子的医疗和教育攒钱。我想保持体形，但我抽不出时间去锻炼，好容易有时间，我就只想'葛优瘫'着休息。最近因为工作灰心丧气、发脾气的时候多了，我也知道自己特别容易急躁。一个人处在这么大的压力下，是很难集中精力的，也兴奋不起来。我对没法好好陪伴家人感到非常内疚，我欠他们的肯定多于我给他们的。有时候即使我在家，我的心思也不在家，总感觉到一种乱糟糟的压力。"

如果说精力水平有 5 个层级的话，小 Z 显然还在最底层的"完全糟糕"或"不堪重负"阶段挣扎（具体的分层方法将在后面的章节中介绍）。

情绪和压力是小 Z 现阶段要面对的主要问题。在和她一起梳理工作的过程中，我发现她的工作本身并没有她自己"体验到"的那么让人"忙疯掉"，有些时候是她的坏情绪导致了这种忙碌、不安或者拖延，她无法控制自己的情绪，也不会快速排解频繁出现的坏情绪，使这些情绪给她造成了巨大的消耗。关键点是，她不懂得如何科学地应对压力。

**精力水平的5个层级**

**你在哪里**

| 完全糟糕 | 不堪重负 | 积极应对 | 全力以赴 | 游刃有余 |
|---|---|---|---|---|
| 症状：身体疲惫，各种基础疾病频现；精神萎靡，抑郁、烦躁、失眠、焦虑等各种情绪频繁 | 症状：拖延、疲劳、“忙乱累”，身边的人都不满意，自己也很沮丧 | 症状：意识到自己的精力安排有问题，特别想改变，但无从寻找可行的解决方案 | 症状：对精力管理理念有一定感悟，也践行了一些方法，精力状况有改善。但还需要人带领，特别是关键点，需要他人指点迷津 | 表现：各方面游刃有余，工作、生活成效高却不心累，很舒适 |
| 是你吗 | 是你吗 | 是你吗 | 是你吗 | 是你吗 |

工作压力人人都有，压力有良性和恶性之分。

所谓良性压力，即积极压力，如果利用得好，就是件好事。你会感觉很好，并且愿意行动，这样比承受恶性压力更好，因为在良性压力下你会感觉很兴奋、有劲头。但是太多的压力累积起来，会变成恶性压力，有害健康。原始人捕猎，离猎物足够近的时候，如果预感可以成功杀死猎物，就会为即将到来的成功感到激动，这个时候他需要的是压力给予他的更多的驱动力和警惕，使他能够更加灵便地控制自己的双腿，快速反应；而如果预感自己无法收拾局面，可能“逃跑”就是上上策了。在现代社会，工作和生活压力让你无处可逃，尤其当成就、幸福似乎成了更远、更抽象的概念的时候，你因追逐它们而面对压力的情况就更是常态。如果你不会识别和调节，那么就会持续处于慢性压力下的心跳加速、血压升高、消化不良、睡眠不佳等状态带来的问题中。

良性压力和恶性压力

所以，在精力管理中，我们主张面对压力不要一味回避、躲开，而是需要区别对待良性压力和恶性压力。主动寻求良性压力是精力管理的一个重要原则，它对于刺激我们精力储备的提升有显著的作用。本书第 4 课会教给大家“良性压力四步转换法”，帮你梳理自己的压力，尽可能把它们转化为良性压力。而如果你在日常工作中承受了较长时间或较高强度的良性压力，那么你有必要做一些“启动积极情绪”的小操作，让身体恢复平静。第 4 课最后要介绍的“一日精力缓冲阀”就是一套简便的操作工具。

## 没有目标的生活让一切都很“丧”

小 Y 是一名财务经理，今年 24 岁，她说自己最大的问题是每天怎么也忙不完，手头工作做到一半就被电话打扰，对方要么有紧急的必须马上处理的事情，要么有需要频繁协调沟通的事情，总之会耽误自己的“正事”。等处理完杂事之后，都快下班了，她只得加班处理自己的工作。白天这么辛苦，小 Y 晚上回到家就会觉得“时间终于属于自己了”，她会放纵自己吃零食或者刷剧放松，经常是到睡觉时间了还停不下来，第二天当然起不来……然后又是一天周而复始的循环……她很迷茫，不知道人一辈子是为了什么。

小Y说她的确希望获得成就，但又不太确定应该做些什么。“我的同事中离婚的不少，感觉中年危机提前了。我听说有一名38岁的同行猝死了，太可怕了，这让人不禁开始担心自己。工作让人精疲力尽，我对家人也失去了耐心，十分消极被动，还总是不由自主地嘲讽别人，焦躁不安。我也懒得跟什么朋友联络了。总之一切似乎都很‘丧’。”

事实上，小Y花费了太多的精力来应对外界的要求，以致她弄不清楚自己究竟想从生活中得到什么。当我问她是什么给了她生活的热情和意义，她答不上来。

她承认，尽管她的工作职位提高了，但她对工作没有以前那样的热情了，放假回家也没什么感觉。小Y缺乏明确的目标，因而无法获得只有与明确的目标相连才能产生的精力的源泉。没有什么坚定不移的价值观，她也就没有太大的动力去更好地照顾自己的身体，控制自己的烦躁情绪，区分轻重缓急以便集中精力。

有这么多让她忙碌的事，但小Y几乎没有精力考虑她所做的选择是不是自己想要的。想到生活的方方面面只会让她觉得很不舒服，而且她觉得自己似乎什么也改变不了。

当我递给她人生价值模块表的时候，小Y陷入了深深的思考。在后来引导填写的过程中我发现，她缺乏让自己的目标清晰化、可执行的技能，而这个技能对一个人长久、良好的精力管理至关重要。本书第2课会给大家呈现关于人生目标意义感的完美的问题解决方案。

**注意点**

精力管理是一个系统工程，不可割裂来看。通过多年的咨询，我发现，以上各位学员遇到的体能、情感、注意力、人生目标意义感等各方面的独立问题会演变成叠加的问题，导致他们的整体精力状态差。

精力管理越早开始越受益，并不是说只有你在感觉精力不好的时候才需要学习。为什么很多学员反馈自己20多岁刚工作那几年的状态是很好的，精力旺盛，积极向上，但几年之后就变差了？就是因为他们没有提前做好精力管理。所以不要被表面现象所迷惑，如果你的精力管理习惯不好，迟早要出问题。

## 1.2 做了那么多时间管理，怎么还是解决不了问题

在这样“忙乱累”的压力下，很多人进入了恶性压力循环，精力每况愈下，便求助于各种各样的时间管理方法，但收效甚微，有人甚至反而感觉越来越疲惫。其实这是因为，时间管理只能解决表层的任务安排问题——只是治标，却解决不了深层的精力和状态问题——无法治本。

### 只做时间管理解决不了根本问题

其实，在发现自己各方面精神、体能、专注力下降后，很多人不是没有努力寻找过解决方案。以DJ为例，DJ一直觉得是自己升职之后事情多了，而时间管理方法有问题，才造成这种状况。所以他在公司这些年参加了不少关于时间管理、个人效率提升、团队效率提升的培训，也

按照这些方法进行了工作重要紧急排序、结构化时间安排等。

但是，他的努力似乎收效甚微：不但他的计划很容易被外界打乱，而且因为精力不济，他经常使很多计划“半途而废”。

比如说 2 月 3 日这天他不用出差，他是这样安排自己的时间的：

- 9:00~11:00　整理本季度销售数据，制作工作汇报幻灯片
- 11:00~12:00　审批团队的销售和差旅费用报销申请
- 12:00~13:30　吃午饭，顺便看看手机休息一下
- 13:30~15:30　与合规部门的同事就××项目开会讨论
- 15:30~16:30　整理下个月的差旅安排
- 16:30~17:00　与培训部门开会，确定销售团队接下来的培训策略
- 17:00~18:00　与医学部开会，了解最新的文献和学习资料，准备给团队培训
- 18:00　下班回家

可一实践，他发现，自己根本无法完成所订的计划：因为头天晚上睡得晚，他第二天早晨 10 点才到办公室；11 点不到，他就饥肠辘辘得看不下去电脑文件了，于是去茶水间吃点心，顺便打开手机看微信；忽然，他看到一个自己以前还挺喜欢的明星有个丑闻八卦上了热搜，于是好奇地继续看了下去……

可想而知，上午没有完成的事情拖到下午，再加上下午各种提前安排好的会议占据了时间（而且在会议上他也浑浑噩噩，没有得出结论和

下一步行动计划，未见成效），DJ这一天的工作任务并没有完成，而且他还觉得特别疲惫。这种疲惫让他抗拒甚至开始拖延，然后接下来的第二天、第三天……他又变成了处理各种紧急任务的消防员。

学员的故事看到这里，大家可以回顾一下自己今年年初时许下的愿望，有多少是没有完成的?

- 总以为自己百分之百会做的事情，真做起来却极其懈怠。
- 减肥没有成功，花钱买的健身会员卡也已经积尘或被藏在箱底了。
- 副业没时间做，每天早出晚归，一直是一只“加班狗”。
- 说好考研、考证书，结果一直没有精力去复习。
- 花钱买了一堆书，结果进度永远停留在最初折角的位置。

你总告诉自己，一定要有目标，但是随着年龄的增长，你感受到一种无法掌控精力的无力感。

用一个字总结，就是“累”。

“知乎”上曾经有一个经典的问题：为什么那么多人开车回家，到楼下了不下车，还要在车里坐好久？下面的回答中有感叹个人压力的，有说家长里短的，有抱怨工作焦虑的，有倾诉情感的……

但将这些答案概括起来，就是每一个人都逃脱不了生活带来的疲劳感。

这种挥之不去的疲劳感就像一种可以传染的疾病，在现代社会的每一个个体间传播，让人消耗掉自己的精力，降低自己的幸福感。这种反复发作的感觉会使你就像被人抽光了力气一般，疲惫不堪，俗称“宛如一条咸鱼”。

实际上，随着年龄的增长、事业的发展、人生角色的增加，每个人承担的责任越来越多，方方面面的要求也越来越多，每个人在同一时间面对的事情必然越来越复杂，越来越有挑战性。

而常识告诉我们，人的精力水平是随着年龄下降的，尤其是25岁以后，精力衰减得更快。这样一来，“精力需求”和“精力供给”两者之间的缺口会越来越大。

如果你不采取正确的行动，努力提高自己的精力水平，维护、创造自己的精力资源，随着缺口的增大，总有一天你将不堪重负，你会因为精力水平下降而陷入各种恶性循环，上文提到的体能下降、注意力难以集中、情绪消耗增多、精力差、总是疲惫不堪等各种状况都会发生在你的身上，而且会越来越严重，让你越陷越深，深感迷茫。

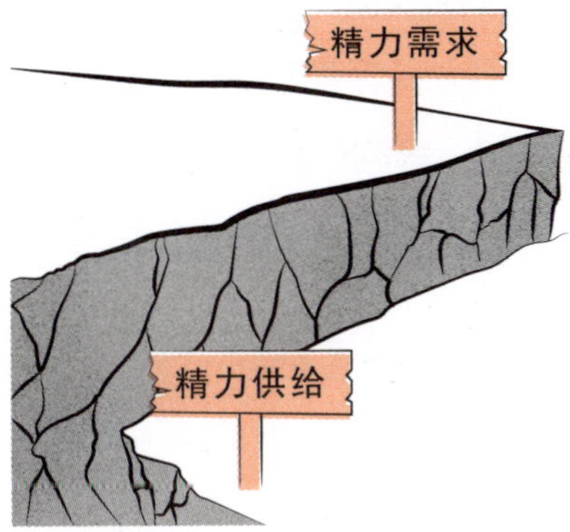


## 精力管不好，生活更感低效疲劳

如果把大脑比作一台电脑，那么我们每天所做的每一个动作都必然会消耗电脑的内存。但关键点就在于，几乎每个人每天身前身后都是一堆工作和家庭事务，需要去面对、处理。

这种同时存在很多待办事项和压力的状态称作思虑过载。就像电脑一开机，就已经加载了一堆自启动的程序。人也一样，因为要面对的方方面面的问题太多，所以背上了太多的思维负荷。

更糟糕的是，这些持续的思虑会带来压力和负担，让我们情绪消沉，整天的工作效率都会降低。有时候情绪不对，这些压力和负担更容易突破意识的封锁，搅乱我们的思维。这种疲劳感长期累积，会给精神带来不良的影响，也就是我们常说的精力衰退，有心无力。整日“忙乱累”却成果寥寥，尝试优化时间管理却只换来了越来越长、越来越复杂的待办事项列表（to do list）。最终，陷入恶性循环。

一切只说明了一件事：20 岁以后，精力管理这门必修课，你学得不好。

表面上看，有些人拖延、无法完成计划，是因为时间管理不到位。但其实更多时候，你即使按照时间管理理念把任务排得满满的，依然做不完也做不好，反而会终日处于一种“忙乱累”的状态，没有成就感，缺乏掌控感，甚至有持续的挫败感。

所以，仅做好表层的时间管理是不够的，因为时间只是一种恒定的资源，一天只有 24 小时，根本无法改变。你应该进行更深层的精力管理。

精力管理与时间管理的区别很大：

- 整体来说，时间管理是任务驱动的，只决定你在什么时间做什么事，用任务占满每天的时间并不代表你就有效率。
- 精力管理是状态和能量驱动的，决定你做事时的效率和整个人的节奏。状态和节奏对了，全情投入，才可以提高效率并节省很多能量和时间；状态和节奏对了，你才有可能让自己的整个人生可持续发展。

精力管理包括体能（饮食、运动、睡眠）、情绪、专注力、目标意义感（意志力）4 个方面的能量的管理。如果把你自己的精力想象成一块电池，做精力管理就是为了做好以下两方面的事。

（1）提高电池的储备能力：通过科学的方法增加你一天内的精力总储备。

（2）优化电池的使用效率：通过科学的方法改善你做事的状态，提高你的能量，提升效率效能。

可以说，精力管理是时间管理的基础，不做好精力管理，你就无法进行可持续的时间和效率管理。而且，精力管理是一个自带加速度、有计划、有掌控、自我实现的过程。

好在“精力充沛”并不是一种天赋，而是一种可习得的能力。

我们进行精力管理的目的，就是提升自己的精力水平，让自己有足够的能量高效完成那些重要的工作，还能有充足的能量满足自己对业余生活的需要。

通过学习和训练，任何人都能显著提升自己的精力水平，进入并保持“动力十足的高效状态”。

正如在本书前言中我提到的那样，初入职场的我和大家一样忙乱疲惫、效率低下、缺乏掌控感；但我“逆袭”的经历完美验证了，只要有科学的方法，这一切是完全可以改变的。

## 良好的精力管理习惯才能带来良性精力循环

精力水平下降会导致你身体变差，体能降低，进而导致急躁情绪和注意力分散。

你总想着要运动、锻炼身体，却几乎总是没有时间或者没有心情：平时工作忙到飞起，好容易能休息，真的是懒得动弹。忙的时候你说自己没有时间，而有了时间，你立刻用“没有情绪和心情”把“不去运动”这件事合理化。

运动的好处其实很多，可以抵消吃得过多所带来的某些影响，还可以有效地缓解消极的情绪，并让大脑得到休息。规律运动有以下好处。

（1）运动能让你保持健康。

（2）运动会分泌多巴胺让你快乐。

（3）大强度运动会使你夜晚的睡眠比较好，还能帮你缓解压力和焦虑。

（4）运动的时候你的大脑可以思考事情，有时候这种思考会给你启发和灵感。

但是，你抵抗不了自己的惰性和不运动的习惯。其实你连续两年都办了健身卡，可惜都放在抽屉里蒙灰了。

随着年龄的增长，你的耐力不断下降。有一次，办公楼的电梯出现故障，你只是从一楼爬到四楼，竟然就已经累得气喘吁吁。紧接着，你对自己的身体状态和工作状态都生出了不满，却无法改变，自我否定的情绪不断袭来。你变得烦躁不安，健忘，注意力无法集中，进而开始出现睡眠障碍和失眠的状况。然后，你早上开始头晕眼花，一整天都没有状态，继续着自己的恶性精力循环。

你一抬头，看到了隔壁座位的同事小A。

小A跟你差不多同时进公司，已经成为团队的绩效骨干。一到工作汇报时，你就会看到她的每个项目都做得那么好，深得领导欣赏。公司似乎也愿意培养她，有好的培训机会和大的客户，都愿意让她去接触。你以为她一定是将全身心都投在了工作上，下了苦功夫。结果你发现，很神奇的是，她似乎总能按时下班，周末也很少加班，心情总是很好，而且你还从她的朋友圈发现她经常去游泳、健身、和朋友一起看电影以及做美食犒劳自己，间或去旅行一番。

你惊诧于她哪来的那么多时间和精力。

如果进行深入的观察和分析，你就会发现：

她每天似乎都在进行一个“良性的精力循环”：神采奕奕地开始新的一天，目标明确，工作专心，任务完成得又快又好，不断地划掉待办事项列表上的项目让她倍感轻松，同时科学的饮食、运动、睡眠习惯让她能及时地补充好精力，开始神采奕奕的第二天。就算偶尔遇到突发事件或者产生负面情绪，她也能很快地平复自己，再次进入状态。这仿佛一个打不破的高效闭环。

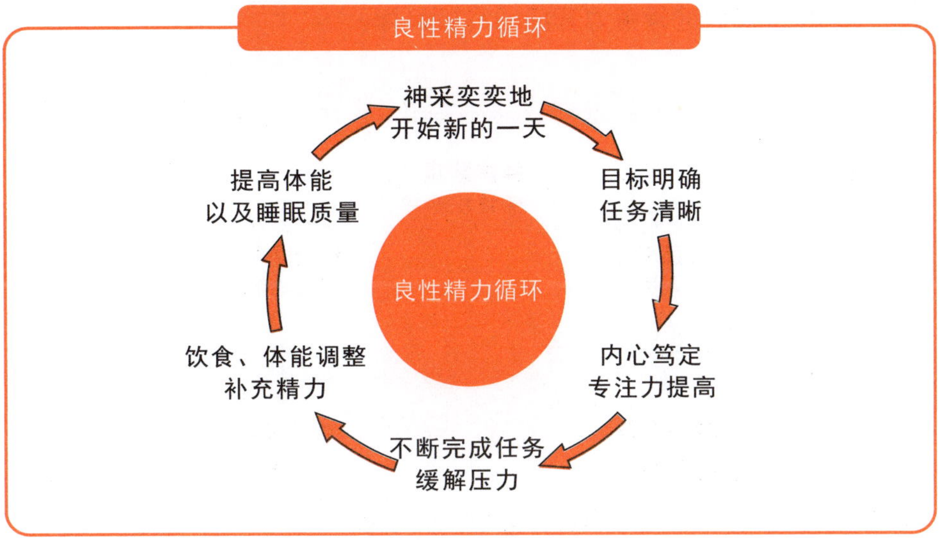


到底怎样才能做到像小 A 那样呢？

### 注意点

身体—精神回路中任何一个环节都可以作为切入点进行提升，我们可以选择对自己来说最容易切入的环节进行改善。例如，你可以先从改善睡眠开始，让良好睡眠带给第二天一个良好的开端；也可以先从锻炼身体开始，通过提高体能来改善自己的睡眠和第二天的工作状态；或者从提高工作效率开始，不断完成任务，使自己更有成就感，减轻压力和焦虑，从而改善睡眠，第二天继续进行良性精力循环。具体每个环节的操作方法，我们会在书本的其他章节进行介绍。

良性精力循环的重点在于稳定。当外界环境的变化导致精力循环被打破时，要找准最关键的点进行衔接。比如，从国外出差回来倒时差就是个巨大的问题，这种情况下，睡眠是该循环中的决定因素。我通常白天即使有困意也扛着不睡，并强迫自己高效工作，夜晚疲劳后自然睡去，这样，一个晚上就能把时差倒过来，迅速改善睡眠状态。再如，你新换了工作，压力陡增，这时候你就要从改善工作方法、合理应对挑战做起，这样才能最快地衔接精力循环。

良性精力循环发展下去就是要形成稳定的长期精力循环，如下页图所示，这才是我们进行精力管理的终极目标。

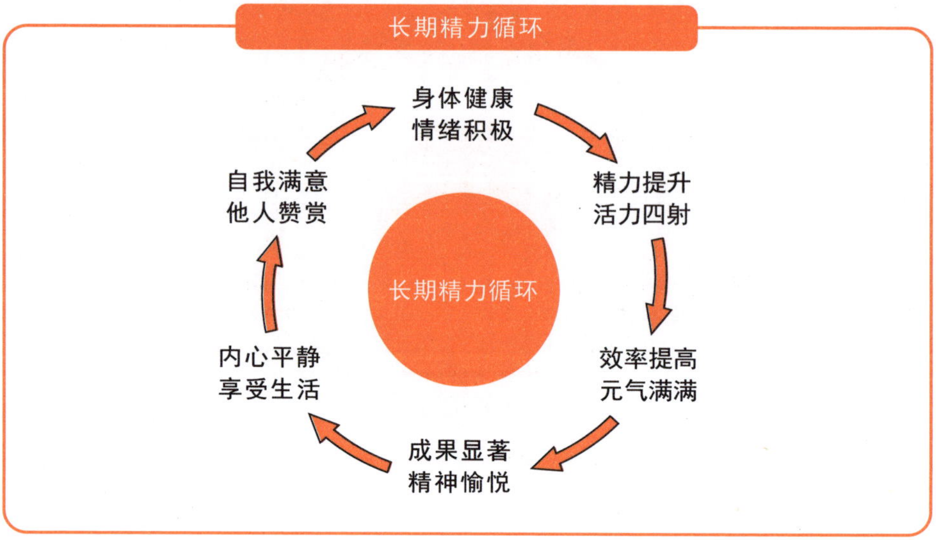


## 1.3 测一测你现在的精力状况

人的精力水平有 5 个层级，分别是完全糟糕、不堪重负、积极应对、全力以赴、游刃有余，每个层级都有其特定的表现。通过精力水平自测，我们可以了解自己处于哪个层级，之后才能对症下药地进行改善；而通过绘制自己的“一日精力状态曲线图”，我们也能对自己的状态和身体节奏有更清晰的把握。

### 精力水平的 5 个层级

要达到 1.2 节最后提到的小 A 的状态，我们需要一系列的高效精力管理方法，其中的第一步就是认识自己的精力水平和状态。

给大家讲个故事：

我有两个朋友，都年近30岁，一个是企业业务部门的打工者，负责公司销售团队销售执行工作的改进和提升，一般一年中主要负责部门里两个较大项目的运营，要协调的事情很多，加上经常跟人打交道，所以工作有点忙；另一个是IT领域某创业公司的老板，他的公司处于创业初级发展阶段，人手少，事情多，且各方面的工作流程还处于创造和优化的阶段，突发事件非常多，所以也非常忙碌。

如果我问你，这两个人你觉得谁更累，谁每天的精力可能更差呢？

大多数人或许会觉得创业公司的老板更累，对不对？可实际情况是怎样的呢？

- 这位给企业打工的销售经理每天“忙成狗”，工作加班加点还做不完，而且精神和情绪还经常不好，最近还莫名其妙地得了痛风，一不小心就急性发作了两次，痛不欲生，加上长期疲劳导致的身体虚胖、眼圈黑黑，每每照镜子都会被自己的憔悴神情吓傻，频频感觉自己的人生“太难了”。
- 创业公司的这位老板也“忙成狗”，但是一切却安排得井井有条，即使遇到突发事件也不慌不忙。两年来，除了打理创业公司外，他还参加了5次马拉松，正在准备接下来的铁人三项比赛。可以说他每天都精神饱满得像打了鸡血一样。

年龄相仿，原本身体素质也相仿，从工作事务看，肯定后者的工作更多、更麻烦，怎么两个人精力状态的差异却这么大呢？他们俩的区别在哪里？

区别就在于后者运用精力管理的理念管理着自己的整个人生和团队，而前者却没有用科学的方法去应对工作、生活方方面面的压力。

精力管理真的这么神奇吗？

是的。

精力管理是基于人体节律和身体、情绪与专注力规律的能量循环管理。大家熟知的时间管理只能解决“在什么时间做什么事”的问题，却不能解决“精力不济”的核心问题。要知道，如果精力不济，即使每天的时间都安排得满满当当，也不代表你效率高。而如果能有好的精力节律，则可以实现以状态和能量驱动的正向的身体—精神循环，这将使你做任何事情都感觉精力充沛、积极高效。

每个人情况不一样，要有针对性地进行有效的精力管理，提升自己的精力水平。我们要做的第一件事是了解自己目前的精力状况怎么样。

所以在本书的第 1 课，我要给大家介绍两个非常重要的知识点：

精力水平的 5 个层级，帮你从静态的角度了解自己现在的精力状态处于什么层级；

一日精力状态曲线图，帮你从动态的角度掌握一天里自己精力变化的特点。

## 人的精力水平是一个连续体，划分为 5 个层级

人的精力水平的 5 个层级从低到高分别是完全糟糕、不堪重负、积极应对、全力以赴和游刃有余（参见第 9 页图片）。

- 最底层是“完全糟糕”。具体表现为你不仅经常感到疲惫不堪，而且身体已经出现各种各样的基础疾病，比如颈椎、腰椎、关节等方方面面的问题；同时你的精神也处在崩溃的边缘，可能会失眠、抑郁、耐心极差，甚至躁狂，各种症状频繁出现。
- 第二层是“不堪重负”。具体表现是你会经常拖延，感到疲劳，“忙乱累”，做一点事情就非常疲惫，甚至早晨到公司一打开电脑就哈欠连天、无精打采；不仅大家不满意你的工作，你自己也很有挫败感，感到沮丧，甚至自我怀疑，终日疲惫不堪。而且这是一个恶性循环，你因为状态不好而效率低下，因为情绪不好而陷入拖延，这种低下的效率和无尽的拖延让你频频不能按时交付工作成果，工作堆积得

越多，你的压力就越大，进而会更加抗拒，效率更低，陷入死循环。有时候你真的希望彻底摆脱这种黑暗、压抑的感觉。

- **第三层是“积极应对”**。处在这个层次，白天的工作你还基本能应付，但会时不时感到“真的好累啊”“我好难啊”。通常，辛苦工作了一天之后，你能明显感觉到身体疲惫，有时你甚至从午饭后就进入了“无法抗拒的低效”状态，整个下午浑浑噩噩；晚上下班回到家，吃完饭，累得只想“葛优瘫”，“感觉身体被掏空”，看电视剧都不能看太烧脑的，朋友圈里稍微长点的、逻辑性强点的文章就完全看不下去，除了看点儿娱乐性内容，就只能上床躺着睡觉了，但是你的睡眠好像还不好，动不动就因为工作上的焦虑而失眠或者容易醒来，进而影响第二天的心理和情绪。你感到，再这样下去的话，自己的精力水平很快会跟不上工作、生活的要求，你特别希望找到改变的方法。
- **第四层是“全力以赴”**。处在这个层次，你至少白天工作时相对还是情绪高涨、能量满满的，这种情况俗称“阶段性打鸡血”：你对自己的精力状态略有一些把握，也大概知道自己在什么时间段精力水平最高；到下午晚些时候或者下班以后，你无法像游刃有余的人那样依然觉得精神饱满，更没有太多精力尽情享受娱乐，或者利用业余时间“充电”，提升自己。你渴望多做点什么或者提升点什么，也特别清楚“人的差别在于业余时间”，却年纪轻轻就有了“力不从心”的匮乏感。
- **最高层的是“游刃有余”**。处在这个层次，你可谓开启了“人生赢家”模式，似乎总是“充电五分钟”就立刻能“高效待机两小时”，你能感觉到自己上班时精神饱满，效率高却不累心，下班时同样激情四射。你一般有明确的“下班后计划”，比如去学一门外语，去健身、游泳改善体形，或者与朋友聚会、链接资源，要不就是谈恋爱“撒狗粮”……总之总能把“下班后的八小时”也安排得满满当当、充实高效。而且你还有多余的力气应对某些突发事件。这时你将长期处于一种比较舒适、高效、有掌控感的状态。

我们进行精力管理的目的，就是要让自己的精力水平从比较低的层次提升到更高的层次，让自己有足够的能量高效完成那些重要的工作，并且还能有充足的能量去满足自己的生活平衡。

你可以对照精力水平的 5 个层级的详细解释，看看自己现在处在哪一个层级。

## 精力状况自测表，让你清晰地知道自己处于哪个精力水平层级

为了帮助你了解自己的精力水平处在哪个层级，特为你提供一个“精力状况自测表”，你可以一一回答其中的问题。回答后，统计自己的分数，你就可以看到自己当前的精力水平处在哪个层级了。

### 瑞米精力状况自测表

请完成下面 14 道单选题，然后计算自己的总得分，对照自测表后的分值说明，看看自己当前的精力水平处在哪个层级。

**第 1 题　你通常需要睡几小时才会感觉这一天的精神比较好？**

A 5~6 小时

B 6~7 小时

C 7~8 小时

D 8~9 小时，甚至更多

E 总是睡不醒

选 A/B/C 得 4 分，选 D 得 2 分，选 E 得 1 分

**第 2 题　你感觉自己的睡眠质量如何？**

A 睡眠质量很高，通常夜晚能有 30%~40% 的时间处于深度睡眠，入睡和起床时间基本规律，一觉睡到天亮

B 睡眠质量一般，夜里偶尔会醒来，在工作任务比较重的时期可能会睡得不踏实（心里有事）

C 睡眠质量较差，每晚都会醒来 1~3 次，但是也能再次入睡

D 睡眠质量很差，每晚都会醒来多次，稍有声音、光照、动作就会醒来，但醒后可以再次入睡，只是处于深度睡眠的时间比较短

E 睡眠质量很差，睡眠不规律，每晚都会醒来多次，稍有声音、光照、动作就会醒来，醒来后再次入睡有困难，需要较长时间（>10 分钟）

选 A 得 10 分，选 B 得 6 分，选 C 得 4 分，选 D 得 2 分，选 E 得 0 分

**第 3 题　通常在早饭 / 午饭 / 晚饭后你会犯困吗，困的感觉会持续多久？**

A 不会

B 会，半小时左右

C 会，一小时左右

D 吃了早饭 / 午饭 / 晚饭后，一上午 / 下午 / 晚上都没精神了

选 A 得 4 分，选 B 得 2 分，选 C 得 1 分，选 D 得 0 分

**第 4 题　你的日常饮食中，碳水的比例大概是多少？**

A <20%　比例较小，每餐吃得都较少，有时不吃

B 30%~40%　饮食的小一半是碳水，否则就觉得没有饱腹感，口感也不好

C 50% 左右　碳水占一半，还经常吃点油炸食品

D 60%~70%　基本不控制碳水的摄入，喜欢吃面食，啤酒炸鸡也很爱

E >80%　几乎每餐必吃大量碳水（米、面食等），很少吃蛋白、青菜

选 A 得 6 分，选 B 得 4 分，选 C 得 2 分，选 D 得 1 分，选 E 得 0 分

**第 5 题　你的运动习惯是怎样的？**

A 每天都会运动，每次持续大约半小时或超过半小时

B 每周运动 5~6 次，每次持续大约半小时或超过半小时

C 每周运动 3~4 次，每次持续大约半小时或超过半小时

D 每周运动 1~2 次，每次持续大约半小时或超过半小时

E 没有规律，想起来就去运动一下，通常都懒懒的不想动，因为工作太累了

F 运动？我的字典里完全没有这个词……

选 A 得 6 分，选 B 得 4 分，选 C 得 3 分，选 D 得 2 分，选 E 得 1 分，选 F 得 0 分

**第 6 题　你的体型是怎样的？（回答这道题时，大家可以参考自己的 BMI，也就是身体质量指数）**

A 偏瘦 / 正常

B 偏胖

C 挺胖

D 特别胖

选 A 得 8 分，选 B 得 4 分，选 C 得 2 分，选 D 得 -4 分

**第 7 题　你一周中有几天能感觉到自己情绪高涨、元气满满？**

A 7 天均如此

B 5~6 天

C 4~5 天

D 3~4 天

E 小于 3 天

F 天天都很“丧”

选A得10分，选B得8分，选C得6分，选D得4分，选E得2分，选F得0分

**第 8 题　你从一段不良情绪中恢复一般需要多久？**

A 通常能冷静分析，很快就没事了

B 需要几个小时才能平复

C 不良情绪有时会影响一整天的心情

D 通常需要好几天

E 无法恢复，久久不能忘怀

选 A 得 10 分，选 B 得 4 分，选 C 得 2 分，选 D 得 0 分，选 E 得 -4 分

**第 9 题　你感觉自己容易焦虑吗？**

A 几乎没有任何焦虑，对现状比较满意，而且能应对任何可能的变化

B 略有焦虑，尤其是工作任务紧迫或者人际关系紧张的时候，有阶段性的焦虑

C 偶尔焦虑，并能明显觉察到自己的焦虑情绪和对未来的担心，尤其是如果晚上睡前想到一些让自己焦虑的事情，就会难以入睡，但是通常自己就好了

D 容易焦虑，一点小事也可能会思考很多，进而焦虑到无法自拔，有时候需要找朋友帮助（倾诉、沟通、寻求理解）

E 非常容易焦虑，已经出现睡眠问题（失眠、早醒、易醒）和焦虑导致的各种情绪问题，在考虑或者正在寻求专业帮助（网上咨询、学习课程、找咨询师等）

选 A 得 10 分，选 B 得 6 分，选 C 得 4 分，选 D 得 0 分，选 E 得 -6 分

**第 10 题　你通常能持续专注做一件高强度脑力工作多长时间？**

A 3 小时甚至更长

B 2 小时左右

C 1 小时左右

D 最多半小时

E 无法专注，总是在不同事项之间摇摆（例如工作 5 分钟就看一次手机）

选 A 得 10 分，选 B 得 6 分，选 C 得 4 分，选 D 得 2 分，选 E 得 0 分

**第 11 题　你进入一段专注时间通常需要多长的“准备时间”？**

A 坐在桌前立刻能进入

B 5~10 分钟

C 半小时内

D 经常“游离”1 小时以上，然后才能“极不情愿地开始面对”手头的工作

E 根本无法专注

选 A 得 10 分，选 B 得 6 分，选 C 得 4 分，选 D 得 2 分，选 E 得 0 分

**第 12 题　你感觉自己有拖延症吗？**

A 没有，我习惯于“今日事今日毕”，日程也安排得较满

B 还好，我的日程表不会安排得特别满，会留有一点儿余闲，但有时候任务多了容易焦虑，有点拖延

C 有一点，尤其是遇到对我来说有点困难的任务时，会不由自主地拖延

D 有挺大程度的拖延，被安排的任务总是等到快到最后期限时才去做，有时候会把事情拖到十分紧急的地步，或者不了了之

E 几乎没有按时完成过任何事情，基本是逼迫到无法拖延了才去做

选 A 得 12 分，选 B 得 8 分，选 C 得 4 分，选 D 得 2 分，选 E 得 -4 分

**第 13 题　你感觉自己有明确的人生追求吗？**

A 有，很清晰

B 有一点，但是比较笼统，一时无法做出非常具体的描述

C 好像有，但是特别模糊，只是隐隐觉得应该追求点儿什么

D“人生追求”是什么

选 A 得 10 分，选 B 得 4 分，选 C 得 2 分，选 D 得 0 分

**第 14 题　你认为自己的做事风格是目标明确型的吗？**

A 是的，我每年都会制订年目标和计划，其中 80% 基本能够完成。并且我每天都有清晰的待办事项列表

B 还可以，虽然我没有明确的年度和月度计划，但具体到分配给我的工作任务上，我是有目标导向的，我会对任务进行步骤分解，80% 的情况下可以按时完成。当然，也还有继续优化的空间

C 一般般，我通常会把事情拖到最后关头再做，然后不了了之。我心里也有个目标，但总落实不到具体行动上

D 完全没有目标，发生什么事情就应付什么事情。这经常让我感到挫败、压力很大

E 我觉得人生没必要有目标，自由自在、随遇而安挺好的

选 A 得 10 分，选 B 得 6 分，选 C 得 4 分，选 D 得 2 分，选 E 得 0 分

**总分对应的 5 种精力水平层级如下。**

① 0~30 分：完全糟糕

② 30~60 分：不堪重负

③ 60~80 分：积极应对

④ 80~100 分：全力以赴

⑤ 100~120 分：游刃有余

我们的目标是让大家在学习完本书之后，精力水平至少提升两个层级，所以大家在开篇了解自己的精力水平非常重要。大家也可以把这个自测表分享给周围的朋友，看看你圈子里的人们精力状态都怎么样。

## 一日精力状态曲线图，呈现你一天内的精力波动情况

精力水平的 5 个层级，反映的是你精力的总体状况。一天内，人的精力水平不会是一条直线，而会上下波动，也就是有的时间段你会感觉自己精力充沛，有的时间段你会感到疲倦、精力不济，有高潮、有低谷。这种波动非常正常。

一个人在精力状态最佳的时段，能给人一种积极向上、体能充沛、精神饱满、效率极高的感觉，同时还会表现得思维敏捷、逻辑缜密，或者创意多多、文思泉涌、判断准确、解决问题的能力强；但在精力状态的低谷，可能会表现得疲乏困倦、情绪低落、思维迟钝、注意力不太集中、解决问题的能力差等。

我们的目标就是识别出自己的精力高峰阶段，把重要的、需要深度思考的、创造性的工作安排在这个时段；在精力低谷阶段，进行及时的休息和能量补充；在波峰和波谷之间的时段，选择性地进行那些不是很重要但不得不做的琐碎工作，这样才能最高效地完成工作。

我们来看一个案例：

小 B 是公司的项目经理，这个季度手头有 3 个项目在同时进行。其

中“项目一”是他牵头并全权负责的，“项目二”是与其他品牌的同事合作的，“项目三”是公司层面的一个大项目，他负责该项目中本部门的协调工作。从难易程度来说，他在“项目三”中主要负责协调性的工作，这项工作在三者中最简单；“项目二”略为复杂，“项目一”最重要也最复杂。

最开始，他的工作习惯是，早晨到了公司，先从最简单的“项目三”的协调工作开始，因为这个最容易做，很快就能从待办事项列表中划掉，给他一种成就感。然后开始做“项目二”，比如去找其他品牌的同事沟通，等等。这些林林总总的事情都做完后，就到下午两三点了，然而拿起“项目一”，他总感觉自己的创意思维好像不像以前那样灵活了，但是他也不知道是为什么。所以3个星期过去了，“项目一”的策划书一直拖延着没有完成。

小B的问题就出在：他没有注意要用精力最好的时段去做最有挑战性的工作，这样才是对大脑和身体体能状态的最合理应用。

在我的指导下改变了方法之后，小B每天到公司的第一件事是先做与“项目一”有关的工作，尽管这个项目的策划难度、资源的紧缺度跟以前一样，但是上午小B就像加满油的发动机一样精力充沛、思维活跃，所以能很快地厘清思路，想到解决问题的办法；在将“项目一”的关键问题处理得差不多的时候，他再抽空去做“项目二”和“项目三”，发现后两者也可以很好地完成，这两件相对容易的事情丝毫不受下午精力不济的影响。不出一个星期，“项目一”的报告就彻底完成了，而且其他两个项目也没有落下。

当然，精力状态是因人而异的，与人一天里的精力波动情况和生物节律、工作习惯、生活习惯有关，每个人都有自己的特点。比如猫头鹰型的人夜晚确实精神状态好，工作能高效完成；早鸟型的人更容易在早起的时间段完成写作、策划、深度思考等重要的脑力工作。

## 昼夜节律与内生平衡节律，影响你的精力状态曲线

从医学角度讲，人的清醒与睡眠主要受两个周期的影响，一个叫昼

夜节律，一个叫内生平衡节律。这两个节律共同作用，形成了我们一天觉醒和困倦疲惫的精神状态。

昼夜节律是人类进化过程中受白天黑夜变化的影响发展出的节奏，以 24 小时为一个周期。我们的生物钟——日出而作，日落而息，就体现了昼夜节律。

人的昼夜节律主要受光照、体内褪黑素分泌和体温的影响。

内生平衡节律主要受觉醒和睡眠的时间长度的影响，简单理解就是，睡得越久越容易醒，醒得越久越想睡。

打个比方，内生平衡节律是一个蓄电池，人的觉醒状态就是电池的电量。刚睡醒的你，电量是满的，会觉得精力很好，电池可以随便用，即使用一些大功率的电器也不用担心电量不足。

但当电池用得差不多时，电池就会警示说“没电了”，这时你就需要充电。

一天中，早上醒来以后，昼夜节律会让我们保持清醒，而内生平衡节律却在让我们逐渐积累困倦。

在下午两三点的时候，觉醒状态达到低潮，而这时内生平衡节律会用睡意提醒我们休息“充电”。

也就是说，这个时候，在两个节律的共同作用下，人们通常会觉得困，人的精力状态处于低谷。

工作和生活习惯也会影响一个人的精力状态曲线。例如，如果你是猫头鹰型，睡得相对晚，那么有可能你每天晚上会感觉“特别精神”，而每天上午经常感到懵懂、脑子不灵。

要清晰、直观地掌握自己在一天里的精力波动情况，我们可以使用

"一日精力状态曲线图"这个工具。

如果说通过"精力状况自测表"，我们了解到的是自己精力的总体情况，那么通过"一日精力状态曲线图"，我们可以知道自己的这些精力在一天里的分布情况。

给大家看一下我自己的一日精力状态曲线图。

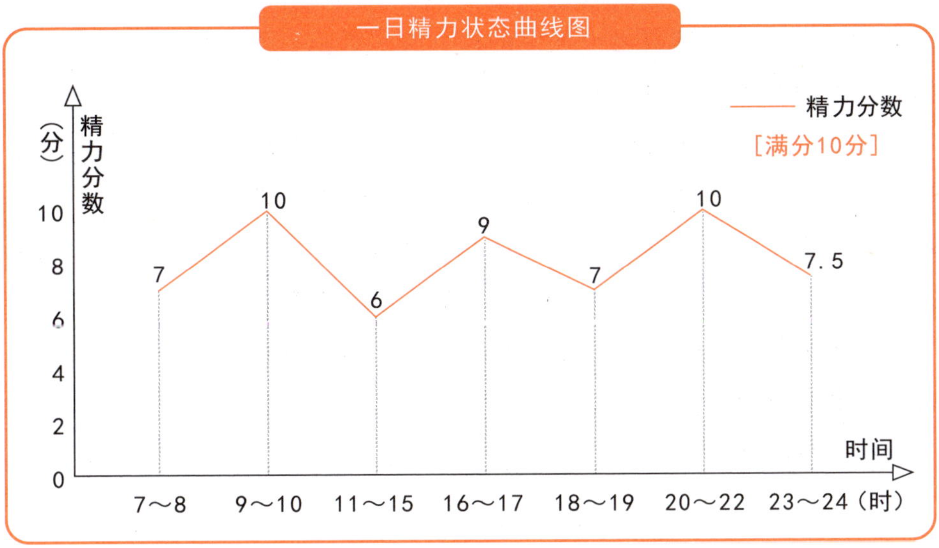


那么你怎么画出自己的一日精力状态曲线图呢？

具体做法是：你需要以 2~3 小时为单位，把从早晨醒来到晚上睡去的时间划分为多个时段，根据自己的感受情况，给你一天中各个时段的精力表现打分，每个时段的满分是 10 分，最低是 0 分。可以采用表 1-1 所示的表格记录分数。

**表 1-1　各时段精力打分表**

| 时段 | 早晨醒来后的两小时 | 8~11 点 | 11~13 点 | 13~15 点 | 15~18 点 | 18~20 点 | 20~23 点 |
|---|---|---|---|---|---|---|---|
| 分数 | | | | | | | |

注意，一日精力状态曲线图的作用是反映你一天里精力水平的变化，所以在打分的时候，你应该重点关注的是各个时段精力水平的相对差异。你可以把自己精力最好的那个时段的得分设定为 10 分，以此为参考，再去给其他时段打相对分。

完成打分后，根据表里的记录，把时间作为横坐标，分数作为纵坐标，在坐标图里画出自己的一日精力状态曲线图。这样一个曲线图，不仅能让你直观地看到自己一天中的精力变化特点，而且很形象地呈现了精力逐渐消耗和恢复的过程。

大家可以看一看我的一个学员小 C 的一日精力状态曲线图：

小 C 是一个爱熬夜的创意策划经理，在广告行业工作。从图中可以看到他的生活状态是这样的：早晨起不来床，导致刚起床的那段时间精力很差，只有 5 分；之后 9~10 时精力较好，但是午饭前后又进入下降阶段，午饭后的疲惫让他整个下午精力都不好，可想而知，他每天下午的工作状态和效率都堪忧；而到了夜晚，临近 24 时，他的精力又开始攀升……周而复始。

学员小C的一日精力状态曲线图

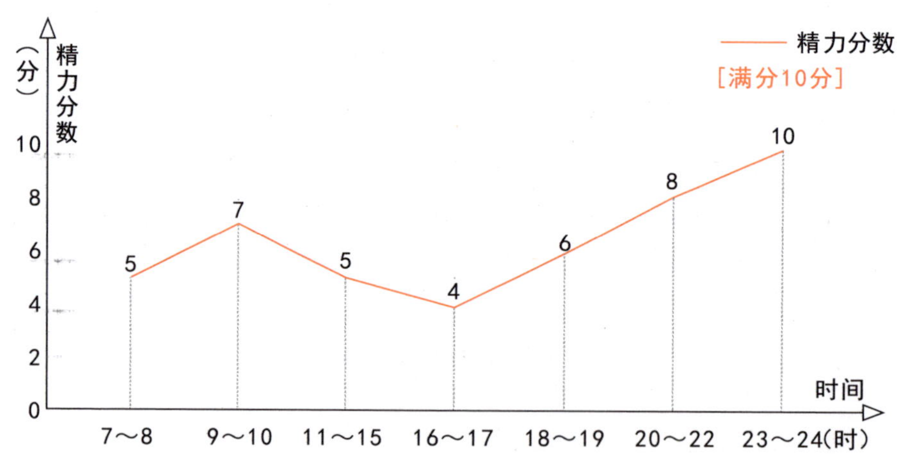

## 掌握自己精力的波动情况，对合理安排自己的活动非常重要

你需要仔细观察一下，自己在哪一段时间最有能量，要把这段时间留给重要的事。比如对于我自己来说，我通常在上午 9~11 点、下午 4~5 点、晚上 8~10 点这 3 段时间内精力很足，所以这些时候我会给自己泡一杯水果茶，营造一种仪式感，尽快进入状态，做需要高度专注和深度思考的事情。

其他相对来说没那么重要的事情，可以安排在精力稍微欠佳的时段。

以我自己为例，我会把工作讨论会议、电话沟通、协调等琐碎的事项安排在除这 3 个精力最好的时段以外的时段。

精力的使用要遵循“二八原则”，你需要把重要的事情（注意，不是紧急的事情）留给你最能保持专注的那 20% 的时间。就这样日积月累，它将提供你人生 80% 的产出。

调节自己的状态，合理分配自己的精力资源，是非常重要的。

### 注意点

一日精力状态曲线图的作用是反映你一天里精力水平的变化，你要关注各时段精力水平的相对差异，绝对值不重要。所以在打分的时候，你可以把自己精力最好的那个时段的得分设定为 10 分，以此为参考，去给其他时段打相对分。

在画一日精力状态曲线图时，单位时间可以弹性处理。我在上文中向大家介绍的是以 2~3 小时为一单位时间，但在咨询中，也有个别学员反馈自己目前的状态比较差，基本工作 1 小时就得休息半小时，否则无法保持专注，那他们可以以 1 小时为间隔划分时段并打分。最终只要能画出一条连续的曲线就可以了。

# 1.4

# 你的精力从哪里来

人的精力到底从哪里来？从精力管理的角度看，精力包含身体、精神、思维、意志 4 个层面的来源。良好的身体素质、积极的情绪状态、随时能进入状态的思维专注能力以及超强的意志力，4 方面共同作用，可以让你时刻保持最佳的全情投入的精力状态。

人的精力有 4 种能量来源，它们可以组成一个“精力金字塔”。

## 知道自己是哪层能量出了问题，才能有的放矢、对症下药

了解自己的精力状况，除了要了解自己的整体精力水平和一天的精力波动情况外，我们还需要掌握自己的精力受到了哪些因素的影响。这需要我们从精力的能量来源出发，了解和审视自己。

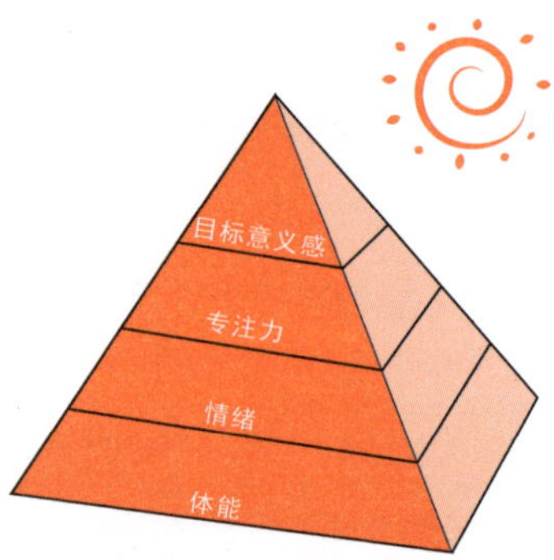


人体是一个复杂的系统，精力并非只来自单一来源，它同时需要多方面的动力。

我们来看看学员小 D 和小 E 的案例：

小 D 是个程序员，他觉得自己一直以来身体还不错，不怎么生病，锻炼虽说不规律，却也有一定的强度。然而，尽管今年并没有换新工作、新岗位，也不存在其他适应的问题，但他总感觉自己身体能量明显不支，工作做起来没有以前那种动力：说是纯粹为了多赚钱吧，好像不是；说是为了其他什么吧，他也不了解自己具体是为了什么，有时候写起代码来，

感觉自己的工作很有价值、很有意义，但有时候又会觉得茫然。上班时，他就按部就班地忙项目、写代码；下班时，他就漫无目的地玩游戏，或者找朋友吃饭、聊天，打发时间，有时候也去运动场上踢球、打球，发泄发泄。总之他经常感到自己疲惫而无聊。

小 E 是公司的采购，采购算是她喜欢的工作，忙碌程度属于中等，不是那种没完没了的“996”，有节奏快的时候，也有假期可以很好地休息。但是小 E 一直觉得自己体能跟不上，她通常工作一上午就累了；她很清楚下午的工作应该怎么做，但就是觉得身体没力气，有时候她需要楼上楼下地跑，找同事开会、沟通，没几趟她就觉得自己“累坏了”，年纪轻轻竟然已经“心有余而力不足”。而且有时候，一旦在工作中受了老板的批评或者打击，小 E 就会陷入自我否定情绪好几天，整个人更没有力气了。

那么，他们俩各自的精力问题出在哪里呢？如果只做一个改变，你会分别给小 D 和小 E 什么样的建议，使他们获得更好的“精力感受”呢？单纯让小 D 加强锻炼有用吗？单纯让小 E 多吃补品、提升体能有用吗？显然不够。

实际上，虽然小 D 和小 E 都感觉“精力不济”，但是具体的能量方面的原因是不一样的。如果要做出改善，就要了解精力具体有哪些能量来源，从而有针对性地进行改善。

人类是很特殊的物种，我们有物理、化学层面的身体，也有精神层面的身体；我们不像动物那样，吃饱喝足了就能量满满、无忧无虑，我们的身体会接收很多层面的能量信息，同时也有很多层面的能量消耗。都是吃饱了鱼，一只猫可能会满足地晒太阳或找其他猫玩耍，等到下次饿了才想起来该吃饭了；而你却会接着思考下顿吃什么、接下来没有鱼怎么办，然后一抬头仰望星空，又开始憧憬星辰大海、自我实现、精神追求。

## 人的精力有四大能量来源，构成精力金字塔

从科学的角度来说，人体的精力有四大能量来源，这 4 种能量构成

了一个精力金字塔，从塔底自下往上，分别是体能、情绪、专注力和目标意义感 4 个方面。

好的精力就是这 4 个方面正向综合效应的结果。这 4 种能量既各自独立，又相互关联。

我们接下来分别看一下这四大精力能量的来源具体指什么。

精力能量的四大来源

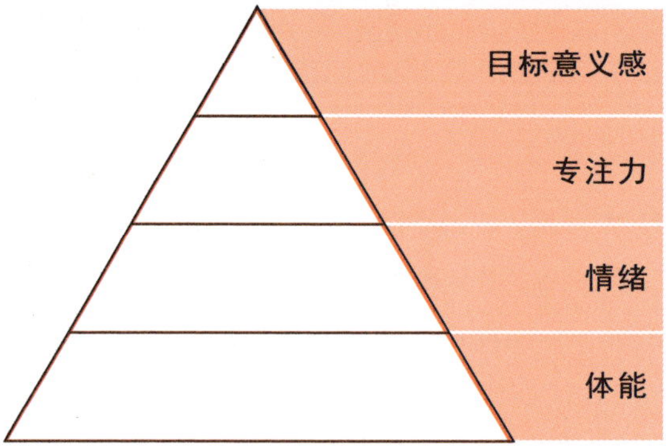


## 健康的体能是最基础的精力能量来源

我们说，最基础的能量来源是体能，也就是说，身体的能量状态、精力的产生与体能是密切相关的。体能是精力的基础。

体能好的人精力会更旺盛。医学研究发现，体能好的人，尤其是心肺功能好的人，大脑的供血、供氧、供糖都会更好。这类人不但工作效率高，而且能长时间地坚持工作，不容易疲劳。

精力管理的概念其实最早是在运动员培训领域被提出的。我们都知道，运动员在赛场上是要充分调动肾上腺素等各种激素，发挥整个身体的爆发式最优状态的，这实际上是非常消耗精力的，短短的几分钟、十几分钟时间可以让普通人一整天都缓不过来。

但训练有素的运动员却可以瞬间很好地恢复，长期锻炼出来的良好体能和精力恢复的习惯，给了他们非常棒的承受身体物理压力的能力，这为他们每次比赛应对高强度的竞争状态打下了非常坚实的基础。

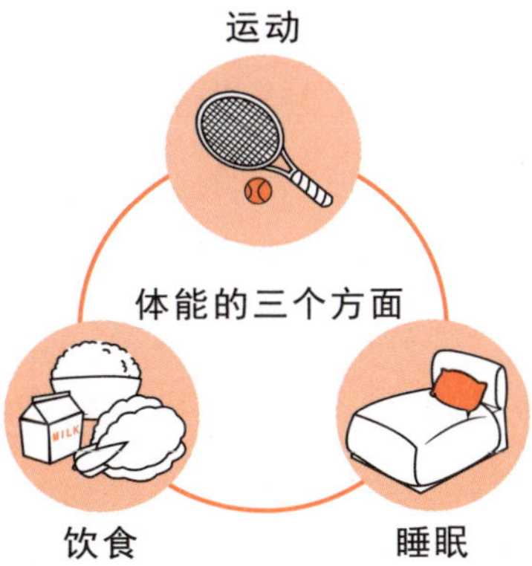


所以说好的体能是充沛精力的基础。

我们前面提到的 DJ，就是典型的体能能量状态不佳。由于工作繁忙，疏于锻炼和健康管理，他的体能与大学刚毕业那几年相比，简直判若两人，他从运动健将变为爬楼梯都喘气的“中老年体质”。解决他精力状态差的问题，就一定要从体能的恢复做起，因为这是基础。

同时，身体锻炼还有很多好处。例如，它可以促进思考，提高认知能力——正如作家村上春树一边跑步一边写作，而清崎一边跑步一边寻找适合购买的地产——锻炼身体能向大脑提供更多的血液和氧气，而慢跑能使人进入一种身心和谐的状态，起到与积极冥想类似的作用。

**总之，体能的改善和正确的体能训练节奏，与我们的健康状况、饮食选择、运动习惯、睡眠质量都有关系。体能可以通过有意识地锻炼呼吸、选择性地进食、形成良好的工作和生理周期、养成小憩的习惯和实现高效能的睡眠来得到提升。**

但是如果真的忙得没有时间顾及这些该怎么办呢？在第 5 课里，我会给大家介绍最适合忙碌职场人士的全方位体能提升方法。

## 积极的情绪是中阶的精力能量来源

情绪对精力的影响，大家不难理解，相信每个人都有过消极、负面的情绪对自己产生消耗的经历。

积极情绪可以为精力提供动力，主要包括自信、自控、良好的人际沟通和对他人的理解；消极情绪虽然也可以在某种程度上帮助我们应对生活中的压力，但是代价高、效率低。积累积极情绪能量，除了学会倾听和独处外，与周围人定期的良好合作、和谐的人际关系也非常重要。

心理学也有大量证据证明情绪的作用。

情绪对人的记忆力、认知力、判断力和决策力都有很大的影响。正面情绪高涨可以使我们做事事半功倍，效率高。可以说，积极、正面的情绪是精力输出的保障。如果我们能始终保持积极、正面的情绪状态，那我们就可以有效提升清醒时的效率。

## 持续高效的专注力是高阶的精力能量来源

专注力指思维的能量状态。它能够让精力进行高效的输出，持续获得有效的结果。

其实人们终其一生都在自觉或不自觉地进行注意力的分配，而外界一直都在用各种方式争夺我们的注意力。我们的大脑会对困难或者不熟悉的事产生一种天然的抗拒感。比如，专心制定品牌策略，写一篇学术文章，学习一个新的技能，进行一场高难度的、关键的对话，处理客户异议等需要专心的事情，我们很容易拖延。

大脑会自然而然地去做一些简单的、重复性的、可以满足好奇心的、不需要太专注的事，比如刷朋友圈、看今日头条，在工作开始之前反复整理桌面，等等。

另外，如果你在做项目 A 时惦记着项目 B，在讨论项目 B 的会议上却不断与别人用微信聊项目 C，你的大脑不断、频繁地将专注力在不同事件之间切换，实际上非常低效，而且很容易令人疲劳，等于是在浪费精力。

如果你希望成为高手，你就得对抗以上的各种本能，你需要仔细观察自己的精力状态曲线，并让自己学会每天锁定一段时间，通过一些仪式感进入心流状态，专门处理复杂、困难和需要深度思考的事。

心流理论是著名心理学家米哈里·希斯赞特米哈伊提出的。专注力被认为是我们拥有的最重要的资源。它可以被我们控制和合理分配，我们的注意力在哪里，我们的能量就在哪里。

没有专注力的精力，无法输出有效的能量，也无法有针对性地改变我们和世界。

并且，每保持专注 45 分钟至 1 小时，可以通过一些简单的拉伸运动或者积极冥想练习来恢复自己的能量，让自己更有效率。

所以，精力管理绕不开专注力的改善。提高自己做每一个当下的任务时的专注程度，全情投入，有助于保持每个当下的高产出和高效能。

## 目标意义感是顶级的精力能量来源

目标意义感也就是我们意志层面的精力能量。

目标的含义非常广泛，大到我们此生的意义和目的到底是什么，小到每年、每月、每天的目标和意义是什么。

意义感是人活着最高的追求，是驱动我们做事的底层逻辑，是人生的操作系统，也是精力的最终源泉。每个人最终都需要找到自己的意义感。

意志精力能量的核心是按照价值观生活。

它源于价值取向和超出个人利益的目标，只有确定了自己的价值观和符合价值观的目标，才能为意志精力注入能量。

支持意志精力能量的“肌肉”有热情、承诺、责任、诚信和诚实等。

有意义感的人会感到精力更充沛，因为意义感与目标感和成就感是紧密相连的。

你可以按表 1-2 对有意义感和没有意义感的人生进行对比。

**表 1-2　有意义感的人生与没有意义感的人生的对比**

| 对比维度 | 有意义感的人生 | 没有意义感的人生 |
|---|---|---|
| 方向 | 明确、笃定 | 模糊、摇摆 |
| 动力 | 充足、感觉有奔头 | 不足、容易泄气 |
| 意志力 | 轻而易举地坚持 | 无缘无故地分心 |
| 行动力 | 强 | 弱 |
| 抗挫能力 | 强 | 弱 |
| 成就感 | 持续、巨大 | 短暂、容易空虚 |

在我们精力的能量来源里，目标意义感是最顶端的那部分，是容易被我们忽视却力量无穷的那部分。

可以说，没有目标意义感，你会像在丛林里赶路而没有指南针一样，生活和工作中出现了什么事情，就被动地应对、处理什么事情，没有秩序，也没有章法，疲于应付，甚至原地打转。

有目标意义感，你会更有主动性，更有选择权和掌控感，你做每件事情也都目的明确、效率满满，并且每天、每周、每月都在进行与目标紧密相连的产出。

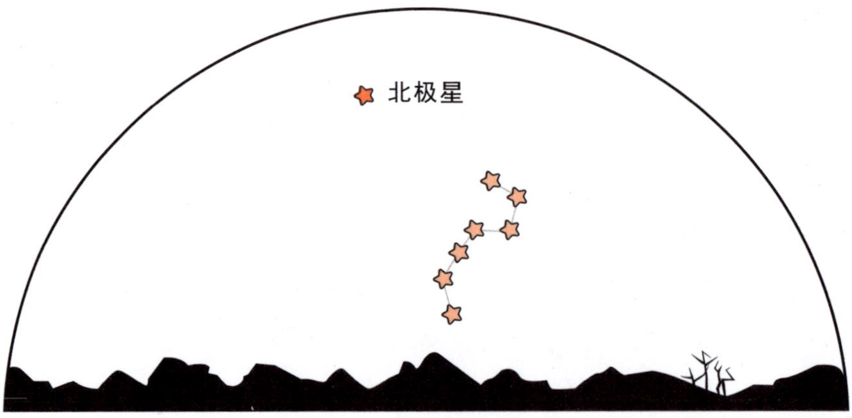


拥有最丰富、最高效的工作与生活的人有能力在迎接挑战的时候全方位投入，而且会定期适时退出，以补充精力。

相反，我们中的许多人把生活看成没有终点的马拉松，是不可以松懈的，于是逼迫自己透支健康，保持前进。在思想和情感上，我们在没有充分恢复的情况下一味地支出精力；在身体和精神上，我们的精力恢复有余而支出不足。无论是哪种情况，我们都会慢慢无情地耗干自己的精力。

想象一下很多长距离赛跑者的样子：憔悴疲惫，不堪重负，身体崩溃，情绪漠然。

现在想象一位世界顶级的短跑选手。短跑选手一般看上去强劲有力、有爆发力，并且渴望将自己的能力发挥到极限。对此的解释很简单：无论他们所面临的要求有多高，100 米或 200 米外的终点线都是清晰可见的。

我们也一样，必须学会把生活看成一段段的短跑：合理地利用精力脉冲，在各个时段全方位投入，然后全身心地退出，在重新跳回任务和挑战之前寻找机会补充精力。

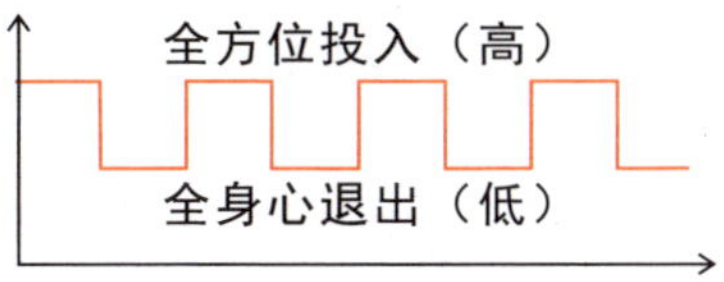


例如开篇提到的小 D 和小 E 的案例。小 D 的问题就在于他的专注力和目标意义感的能量是不够的；而小 E 的问题则在于她的饮食、运动和睡眠习惯不好，且情绪能量消耗较大。只有针对自己的状况进行有计划的提升和改善，他俩的精力状态才能越来越好。

以上就是精力的四大能量来源。

你在这些方面的情况怎么样呢？要知道这个问题的答案，你可以回到上面我们使用过的“精力状况自测表”，按照下面给出的题目维度划分方式，分别统计你在体能、情绪、专注力和目标意义感 4 个方面的得分。

- 1~6 题：体能。
- 7~9 题：情绪。
- 10~12 题：专注力。
- 13~14 题：目标意义感。

通过“精力状况自测表”，你可以根据自己在每个维度上的得分，与该维度的满分比较，判断自己在该维度上做得如何。

注意点

精力的 4 个来源无法完全割裂，它们是相辅相成的。好的精力意味着在体能、情绪、专注力、目标意义感方面的状态都很好。精力这块电池，需要 4 方面的能量来源：

全情投入的精力状态 = 体能充沛 + 情绪积极 + 专注力良好（“思维肌肉”强健）+ 目标意义感明确（意志力强）

在进行精力管理学习的过程中，你可以有自己的侧重点，但最终要实现 4 个能量的统一。只改善其中一两个方面，无法经常给你带来全情投入且充实的最佳的精力体验。

从下一节开始，我们就要分别从这 4 个方面入手，去学习如何管理和提升自己的精力，让自己在工作和生活中变得更加高效、有活力。如果你发现自己在哪一方面的得分尤其低，那么你就应该在后面相应的模块更有意识地加强学习，并最终实现 4 个方面的综合、有效提升。

## 1.5 科学分配精力，好钢用在刀刃上

你在生活中可能看到过很多每天“鸡血满满”的人，他们就像一台 24 小时运转的永动机。其实他们的秘诀是把握好精力脉冲，有效地管理自己的精力高峰和低谷状态，在精力消耗和恢复之间实现良性动态平衡。这样有助于最大限度地发挥高精能力状态的效率优势，同时最大限度地在低精力状态下休息和恢复，这就是对自己的精力使用效率做的一个全面的质量控制——好钢用在刀刃上。

## 给你的精力使用效率做一个质量控制——精力脉冲

了解了精力管理的基本理论后，我们再回过头来分析 DJ 的案例。

实际上，如今 31 岁的 DJ 的精力状态，跟他从 20 多岁到现在的精力管理习惯有很大关系：如果他能早点开始了解精力管理的知识，懂得如何科学地分配精力，始终让自己把好钢用在刀刃上，就不会出现今天的这种局面了。

苏联运动科学家在 20 世纪 60 年代重新提出通过交替安排活动时间和休息时间来最大限度地发挥人体效能，并成功将其运用到奥运健儿的体能训练上。实际上，“工作 – 休息”的时间安排比例是安排训练周期的核心，这是世界顶尖运动员都在用的训练方法。并且随着时间的推移和方法的进化，训练周期的测算变得越来越精确、复杂。这个周期的核心要义就是，在一段时间的活动后，身体必须补充基本的生化和精神能量，这叫作“补偿”。只有这样，消耗掉的精力才能得到恢复。增加工作或培训的强度，就有必要相应地补充能量。否则，人就会被透支。

## 人类最基本的需求是精力消耗和恢复之间的动态平衡

我们做事需要投入精力，而恢复精力并非仅指不工作，就那样躺着。精力给我们带来的不只有健康和快乐，还有效能。平衡精力消耗和恢复之间的关系，对于管理我们生活中各个方面的精力非常重要。

当我们消耗精力时，我们就像是把蓄电池里的电用尽了；当我们恢复精力时，我们又通过各种方式把蓄电池的电充满格了。过多地消耗精力，却没有足够的恢复，最终会导致精力衰竭：过度使用以致损耗；过度恢复，而没有足够的压力和强度，最终会导致退化和虚弱（不充分使用也会损耗）。人体的肌肉很容易因为不用而开始萎缩，只要一个星期不活动，持续运动的好处就会明显减弱，甚至完全消失。

情感、思想和精神同样存在“肌肉”，也会经历同样的过程。情感的深度和恢复力取决于积极地与别人以及我们自己的情感相联系的紧密度。没有不断的智力挑战，思想的敏锐度就会下降。精神上的能量储备要依靠定期回顾我们最不易改变的价值观并对我们的行为负责。方方面面都要在精力的消耗和精力的恢复之间达成一种动态的平衡。

我们把精力的消耗和恢复称为周期性的波动，它代表着精力基本的脉动。

精力的脉动越有力，我们就越能更全面、合理地管理精力。一个组织或机构同样如此。如果领导者和管理者们天天开大会、开长会，要求员工“996”或者“007”，员工的工作效能肯定会打折扣的。相反，能鼓励人们及时补充精力的企业文化，不但能激发员工更强的责任感，而且能释放更强的生产力。

然而，大多数人往往过着更像是直线的生活，没有曲折和变化。人们往往认为在某些方面（通常是思想和情感上）可以一个劲儿、无限制地消耗精力，而在其他方面（大多数情况下是身体和精神上）则永远无须投入太多的精力来主动锻炼，以致最终耗尽了自己。

小 M 是我的另一个学员，他是一名医学编辑。他没有意识到他在过一种非常直线式的生活：工作时间长，极少休息，甚至回到家里也如此。他在没有怎么恢复精力的情况下，无情地消耗着自己的脑力。疲劳诱发了焦躁不安、容易生气和自我怀疑的状况，这方面的缺失好像一个无底洞，即使是从与他关系最密切的人那里他也无法得到情感抚慰。

我们可以这么说，小 M 在思想和感情上“操劳”（相当于在训练）过度，而在身体和精神上“锻炼”（也是一种训练）不够。因为大学毕业后，他几乎没有在锻炼上花什么时间，随着锻炼的减少，他的耐力、力量和恢复力不断下降。同时，因为他没有明确的深层价值观，他的精神方面也成为他生活中另外一条没有激励和兴奋、没有变化的直线。

实际上，人的精力的波动类似一种动态脉冲，有高峰和低谷，而且高度集中注意力的时间也有上限（因人而异，通常是 45 分钟 ~3 小时），在接近上限的时候，你要及时进行休息和恢复，就像要给橡皮筋恢复弹力的机会一样，及时地进行恢复对于长久保持这根橡皮筋的弹性非常重要。

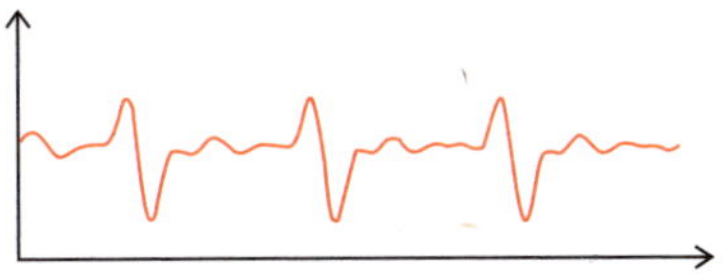

在这个过程中，如果我们用一些策略保存我们有限的精神能量和注意力资源，把需要高度专注、全情投入的事情安排在自己精力的黄金时间段，“好钢用在刀刃上”，而在其他时间“以退为进”“短暂缓冲”，让自己的体能、情感、注意力的投入有波峰和波谷，不呈现为直线，而呈现为脉冲短跑式的过程，那么，我们就可以高效率、高质量地使用精力。也就是说，让自己的身体及精神在“全情投入”和“及时退出”之间循环。

举一个简单的例子，你总会时不时地收到电子邮件，随时随地查看真的会影响你的注意广度，久而久之你会让自己的注意力和神经始终处于一种紧绷的状态，并且即使在休假，也会惦记着“今天会不会有新邮件，我要看一下”，让自己陷入一种无休止的高强度状态。这完全没有做到“全情投入”和“及时退出”的交替切换。

我们需要重视生活的自然规律，需要有意识地、慎重地建立新的边界。我们必须学会确保每天都有一段时间，你可以毫不迟疑地从工作轨道上脱离，停止处理工作，并将注意力转移到恢复精力上。

## 周期性地让自己摆脱工作状态，才能再次充满热情地投入工作

这相当于在给你的精力使用效率做质量控制：

**有意识地在周期性的专注工作与专心休息之间切换，来保证你在使用你精力的时候能以高效的、全情投入的状态去处理最重要的事情，而当精力被消耗到一定程度时就及时退出，再次进行储备。**

在后面的章节中，我将给大家讲解如何识别重要的事情，并与自己的精力高峰状态相配合；如何及时进行休息，保证自己在精力低谷的时候得到及时的修复。

大家可以从表 1-3 中看到我提供给学员 DJ 的解决方案和注意点。

**表 1-3　学员 DJ 的解决方案**

| 现状 | 解决方案 | 注意点 |
| --- | --- | --- |
| • 缺乏目标意义感，感到迷茫<br>• 与妻子缺乏有价值的交流和对共同目标的确认 | • 按照价值模块与妻子一起梳理人生和家庭的价值追求及目标，确定自己打算投入给每个价值追求的精力能量的比例<br>• 按照比例落实到年度行为解锁图<br>• 与家人一起落实每日行为解锁图 | 这是最重要的一步，价值模块会决定你如何将“好钢”用在你最在意的“刀刃”上 |
| • 工作上的持续专注力变差，却时刻关注“邮件”，休假时也是如此，总是随时查看，无法放松 | • 根据工作的重要紧急性对工作进行排序<br>• 采用“事件边界制定法”划清工作和非工作时间的界限，在每天精力最好的时段处理需要高思考力的工作，其余时段处理简单的反馈性的工作<br>• 养成集中处理邮件和回复电话的习惯，减少这类工作对自己的干扰 | 设定边界和集中处理是非常好的节约精力的工作习惯。一开始，你要不断地提醒自己使用这种方法，可以将“边界”写在备忘条上，贴在办公桌上，或将其写在手机备忘录中。<br>一旦养成习惯，你用起来就会越来越顺手，获益巨大 |
| • 感觉体能远不如以前，爬两层楼梯就气喘吁吁<br>• 脂肪肝等各种问题频繁出现<br>• 睡眠质量差 | • 彻底体检并正视自己的身体问题<br>• 用高INQ（营养质量指数）饮食替代高热量饮食<br>• 少食多餐，使血糖保持相对稳定，避免因暴饮暴食而导致血糖忽高忽低<br>• 制定弹性运动方案，选择最适合自己工作节奏的、不需要工具辅助的运动方式，如走路、爬楼梯、高抬腿、蹲起等，与某个日常习惯绑定起来，“即刻开始运动”。比如，在每天早晨和晚上刷牙的时候做20个蹲起<br>• 养成科学的睡眠习惯（仪式感、重要操作、脑力和体力劳动后的针对性休息） | 可以从碎片运动入手，先“每天爬两层楼梯”，让自己“动起来”。尤其是感觉工作疲惫、注意力下降的时候，爬爬楼梯，既能使脑子更清醒，又能锻炼身体，一举两得 |
| • 情绪低落，积极性不高<br>• 容易暴躁<br>• 感觉压力很大 | • 明确地列出要与家人共度的时间和一起做的事，关掉工作电脑和手机，全情投入高质量的陪伴<br>• 把自己最近的压力感受写下来，情绪管理是个习惯，学会觉察自己的情绪状态是第一步<br>• 采用觉察-描述-自我反问最糟糕状况-写行动方案的步骤，化解情绪 | 情绪管理是个习惯，学会觉察是第一步 |

注意点

精力脉冲的关键在于节奏，每个人的节奏可能不同，没有必要追求统一。你能找到自己的节奏并灵活应对是最关键的。比如，有的人在遇到自己喜欢的事情时，可以连续多天，每天好几个小时地处于高精力心流状态；而有的人做任何事的时候，集中精力的时间都不能超过两小时（当然，随着你精力管理功力的加深，你的专注时间可能会越来越长），那么没必要逼迫自己非要延长专注时间才能获得满足。

结合精力脉冲，很多人习惯使用的番茄钟的时长也要因人而异。25分钟是下限，在此基础上，你完全可以根据自己的情况进行改良。如果你的专注力一次可以持续 1.5 小时，那么设定 25 分钟的番茄钟实在是对你的打扰和对你专注力的浪费。

不同的人对“琐碎、低精力水平”事件的定义也不一样。你要做的是找到对你来说“消耗性的琐碎事件”，把它们放在“低精力时段”去做，以及对你来说“需要高专注的事件”，把它们放在“高精力时段”去做。比如对我而言，写作和创作是需要放在高精力时段做的，而读书完全可以放在低精力时段（我经常在高强度工作后捧本书，一边喝咖啡一边学习，这样我会觉得很有趣，而且完全看得进书）。不过，也有很多人必须把读书放在高精力时段，才能学得进去。

## 1.6 本课小结

第 1 课重点讲解如何了解你的精力“痛点”和现状，帮你掌握自己目前的精力状况，了解精力的四大能量来源，并通过学员的案例让你了解在进行科学的精力管理之后会有什么变化。下面我们就来对这一课学习的内容进行一个具体的回顾。

精力管理与时间管理的区别很大。整体来说，时间管理是任务驱动的，只是把所有的时间都安排上工作，并不意味着你就有效率。而精力管理是状态和能量驱动的。状态和能量对了，你的专注力及全情投入的能力会大大增强，效率也就提高了。

精力有四大能量来源，这四大能量来源构成了一个完整的精力金字塔，从塔尖到塔底依次是：

- 目标意义感。驱动我们做事的底层逻辑，是人生的北极星，也是精力的终极源泉。
- 专注力。指我们思维的能量状态。专注力能够让精力进行高效输出，持续获得有效结果。
- 情绪。指情感的能量状态。积极、正面的情绪是精力输出的保障，负面情绪则会消耗精力。
- 体能。最基础的能量来源是体能，也就是身体的能量状态，精力的产生与体能密切相关。

人类最基本的需求是精力消耗和恢复之间的动态平衡，周期性地让自己摆脱工作状态，才能再次充满热情地投入工作。

有意识地在周期性的专注工作与专心休息之间切换，来保证你在使用你精力的时候能以高效的、全情投入的状态去处理最重要的事情，而当精力被消耗到一定程度时就及时退出，再次进行储备。

精力管理就是管理这 4 方面的能量。如果把自己的精力想象成一块电池，做精力管理就是为了做好以下两方面的事。

（1）提高电池的储备能力。也就是通过科学的方法增加一天内的精力总储备。

（2）优化电池的使用效率。也就是通过科学的方法改善做事的状态，提高能量，提升效率效能。

“精力充沛”并不是一种天赋，而是一种可习得的能力，是可以通过科学的方法学习和提升的。我们进行精力管理的目的，就是要让自己的精力水平从比较低的层次提升到更高的层次，让自己有足够的能量高效完成重要的工作，并还能有充足的能量满足自己生活平衡的需要。你可以用书中提供的“精力状况自测表”了解自己的精力水平处于哪个层级，并绘制自己的一日精力状态曲线图。

# 2 目标

## 知行合一，才是积累复利的关键

通过第 1 课的学习，相信你已经对自己现阶段的精力状况有了清晰的了解。接下来，我们就要以此为起点，从精力的四大能量来源入手，学习怎么提升自己的精力水平。本书第 2~7 课，会为你提供一整套能从此改变你整个人生、工作、生活状态的路线图，使你体能上充沛、精神上富足、思维上集中、意志上坚强，在做任何事情时都全情投入，并卓有成效。

很多人对精力管理的一个困惑是，自己的时间、精力分配似乎总“不是自己想要的”，自己总是疲于应付却又无法摆脱。第 2 课的重点内容，就是教你从精力的最高阶能量来源，也就是目标意义感入手，找到指引人生奋斗的北极星，指导你实现最符合你真正期望的精力分配，真正做到知行合一，从而让自己的人生在正确的方向上持续积累复利。

# 2.1

# 你的精力分配符合你真正的期望吗

这一节，我们会先进入位于精力金字塔最顶端的精力能量来源——目标意义感。作为四大精力能量来源之一，目标意义感看似“鸡汤”，但其实贯穿我们精力管理的始终，这也是我要首先讲它的原因。在本节中，我会教你如何让“意义感”这样一个听上去有些遥远、模糊的东西清晰化、具体化，并且以它为标准来审视你的精力分配是否合理。

## 目标意义感是避免你精力跑偏的“北极星”

还记得在第 1 课我们讲过的小 Z 的故事吗？

小 Z 是一名公立学校的幼教老师，但是她加班的强度丝毫不亚于任何在企业里工作的人。在她的描述里，她不但工作量大，而且工作内容很混乱，领导们的想法似乎也一天一个变，各种报表、记录又烦琐又耗费精力。她其实很喜欢幼教的工作，对孩子也很感兴趣，但是感觉这样忙和乱下去没有奔头，自己的情绪也因为工作压力变得不好了，夜晚她会焦虑和失眠，最近还经常胃痛。她很担心自己会将这种情绪带到与孩子们的相处中，可是又无法排解。她还发现自己对老公和 5 岁儿子的态度也越来越差了，感觉耐心在一整天的工作中几乎消耗殆尽，回到家，一句话不对付就想发脾气。

她的工作压力和迷茫的感觉已经渗透到工作之外，让她无论什么时候都不太舒服。

其实，生活的各个领域是相互关联的。当你开始在生活的某些领域努力时，你在其他领域的能力也有可能得到提高。而当你在生活的某些领域感到迷茫和无目标时，你整个人也会进入懵懂的状态。只有当你透过愿景和价值观，把人生作为一个整体考虑时，你才能找到投入时间和精力的最佳方式，找到人生运行的最佳方式，也才能获得充实感、掌控感、成就感。

精力管理中，我们所说的目标意义感，就来自我们对自己人生意义和追求的认知。人生意义应该包括你在生活中想要实现的一切，因此它至少应该让你想起来的时候感到振奋，充满憧憬；它显示了你想要追求什么，成为什么样的人。

人生意义就像北极星，当你在人生的丛林里赶路时，北极星比地图更能为你指引方向。

手上的地图标注很详细，但在不断变化的森林里，你能完全信任前人的经验吗？这个时候，如果你太过于依赖具体的地图，一旦地图上存在错误的信息，或环境发生了变化，你就可能陷入原地打转的困境。

这时候，走出森林的最好办法是什么呢？抬头看，找到北极星，然后顺着大方向往外走，途中发挥创造性和自主性，应对随时可能发生的突发事件。

这就是人生意义的力量，它看起来不能解决具体问题，有些遥远、有些抽象，但是你就是需要时不时地看看它，确定没有偏离大方向。

跑偏了，你的精力就分散了、浪费了。

没跑偏，你就在正确的方向上不断积累着成长的复利。

回到小 Z 的案例，她应该怎样做才能找到自己的人生意义和目标呢？

首先我们要问小 Z 一些问题：你觉得你热爱的事物是什么？你的幸福和快乐来自哪里？

与大多数人一样，听到这个问题后，小 Z 沉默了。因为她根本不知道自己热爱什么，更别提把热爱的事物与自己每天的生活结合起来了。

难怪她每天都被各种工作琐事牵绊，疲于应付。没有目标让她的一切都很“丧”。

## 用“价值模块排序”明确目标意义感

既然目标意义感对提升精力水平而言这么重要，那我们要怎么让这个听上去有点遥远和模糊的东西变得清晰、明确，让它始终能给日常活动带来动力和能量呢？在这门关于精力管理的课程里，我会帮助你用“价值模块排序”来把自己的目标意义感具体化、明确化。

所谓价值模块排序，简单来说，就是按照对你来说重要的程度，为那些你看重的东西排定一个先后次序。每个人看重的东西可能都不一样，但是从精力管理的角度来说，这些东西都可以被划入六个大的模块。

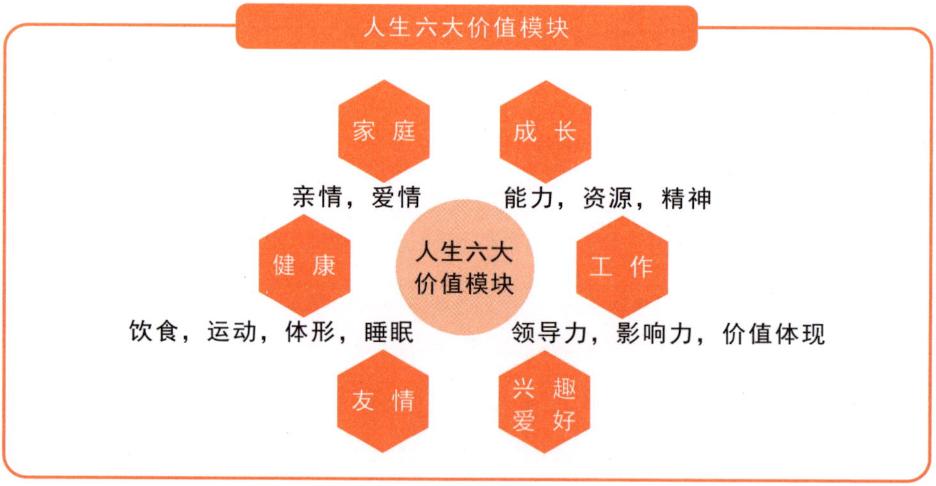

- 家庭模块：是指你在家庭关系、亲情、爱情等方面的追求。例如，你想找一个什么样的伴侣，你想与伴侣共同建立什么样的家庭，等等。
- 健康模块：是指你对个人健康的追求，包括在饮食、运动、体形、睡眠等方面，你想达到什么样的理想状态。
- 工作模块：是指你在工作、事业等方面发展的追求，包括你未来想在什么样的范围内建立什么样的领导力、影响力，进行怎样的价值引导等，也可以包括你具体想达到什么样的位置、有什么样的收入等。
- 成长模块：是指你对个人成长的追求，包括你想让自己的能力达到什么状态、自己能提供的资源如何提升，以及你的自我实现、你精神层面的提升要达到什么样的高度等。
- 友情模块：是指你除了亲密关系之外的情感联结，比如你看重的友谊、与他人的关系模式等。
- 兴趣爱好模块：是指你纵观自己一生想要发展的个人兴趣，能给你带来愉悦和满足的一些爱好，等等。

这六大模块构成了一个人目标意义感的完整系统，也是我们进行精力分配的基础。

接下来，你需要仔细思考一下，在这六大价值模块中，你最看重的是什么，其次看重什么？按照对你来说的重要程度，给这六个模块排出先后顺序。

比如，对我来说，家庭是第一位的，其次是通过工作体现自己的价值，再次是自己的健康和成长，从次是在一定程度上经营友谊，最后是兴趣。

### 注意点

价值观是你在重要分岔点处做选择的依据，价值观没有对错。

我这里所列出的是常规情况下人们最容易去追求的六大价值方向。每个人看重的人生价值模块可能不同，赋予价值模块的权重也各不相同。比如，一个信奉工作至上主义的人，他兴趣爱好的价值模块很可能和工作模块完全重叠，他可以只有五个价值模块。重点是你要看自己内心最想要什么，什么能给你带来真正的满足感和成就感。

大家可以尝试列出自己最在意的几大价值模块。

## 用“场景化想象”促进你对价值追求的思考

直接对这些模块进行排序和描述，你可能会觉得有些困难或者没有把握，那么还可以怎么办呢？我们以小Z为例，通过下面的生日宴会法，一步一步地对目标意义感进行思考。这是心理学上常用的一种具象场景的描述方法。

设想时间来到了5年后，你正在筹备一场生日宴会，问问自己：

- 你希望哪些人来参加，希望大家用哪些话来评价你呢？
- 哪类评价和描述能让你感到有成就感，热血满满，想起来就精神倍增呢？
- 这些话对应着什么样的现实场景？
- 为了实现这个场景，你需要设置哪些目标、步骤和分解动作呢？

这种场景化想象，是心理学上一种常用的方法，可以帮助你具象化思考哪些东西对你来说尤其重要，帮助你完成价值模块的排序。

听完我对目标意义感和价值模块排序的解释，小Z深刻意识到她不想再这样下去了，她决定要掌控自己的生活。于是，她用笔描述了她想象中5年后应有的样子。

在我35岁生日那天，朋友和家人聚集在一起为我庆祝生日。最近不只有这一件喜事：我的老板上周告诉我，我已经是某家私立幼儿园的高级幼师兼主任了。

- 在生日聚会上，老公首先站起来说：“老婆，生日快乐！我为你感到骄傲。在你快30岁的时候，我觉得你内心还漂泊不定，也许就会这样平庸地老去了，你的一生会一无所成。而现在我为你的事业成就感到无比自豪。回想起来，生完孩子二次进入社会是你人生的转折点。我最自豪的是你为家庭付出的努力，以及你在努力的过程中实现的持续的自我成长。你不仅是一个伟大的妈妈，而且是一个合格的好妻子，我为娶到你而骄傲。再次祝你生日快乐，我感恩今生有你！”

- 接下来为我的成就举杯的是妈妈：“女儿，生日快乐。我曾经真的认为你会像有些女人一样，生完孩子就一直待在家里，我以为你将永远是原来的那个小 Z，软弱无助，有了困难和解决不了的问题就回过头来找爸爸妈妈躲避。但是，你这 5 年的成就比过去 10 年的都大！你的家庭、学业和你为工作付出的努力都得到了回报。你值得拥有现在得到的任何东西。妈妈希望你不要太辛苦，要好好享受属于你的生活！”
- 然后，我的老板，也是我的朋友，发表了他的感慨之言：“我最早雇你，是因为你是一个一心想要成功的年轻人，这一点吸引了我。是的，有些人批评过你，说你经验太少，但是你坚定的眼神和良好的学习能力，让我们印象深刻。后来你有一段时间工作方法不得当，导致工作表现欠佳。但是可喜的是，很快你就调整了自己的方法，效率大大提升，并且还自费学习，了解了更多的财务知识。你为其他员工树立了榜样。我为你感到骄傲，也很开心能够庆祝你的生日。另外，恭喜你即将成为高级幼师兼主任！”

- 最后，我的好朋友也举杯庆祝：“恭喜你小Z，我欣喜地看到你没有因为那段时间工作压力大就放弃自己一直喜欢的幼教事业，不仅学校里的工作做得有声有色，还开设了自己的公众号，持续输出和早教、亲子相关的高价值文章，特别有实践意义。听说你还打算出一本自己的书，真是太棒了！有你做朋友，我真荣幸啊！”

这个过程只持续了半个小时，却让小Z感到激情澎湃，脸色都泛红了。她深刻地意识到自己的内心深处是有理想状态和追求的，而不是得过且过的！

读到这里，也请读者朋友们停下来想一想，假如5年后的你要办一场生日宴会，你希望这场宴会是什么样子的呢？

当然，关于实现理想状态的雄心壮志，必须转化为接地气的目标。不然的话，你的理想状态就只是空洞的白日梦而已，时间久了，它对你的激励作用就会使你“审美疲劳”。

想象一下，如果你的理想状态是要带家人一起去某个美丽的岛屿上度假，那么怎样才能到达你的目的地呢？

你需要分解出实现这个理想状态所需的步骤。比如，从选定旅行时间、确定目的地、确定交通工具、确定携带的物品，到确定岛屿游玩路线，思考突发状况的应对方式等，都需要认真进行。

回忆一下之前提到的那个生日会。

- 家人或朋友评价中的哪句话能让你感到被肯定、被激励、激情满满，甚至内心沸腾起来呢？
- 这句话又对应着什么样的现实场景？
- 为了实现这个场景，你需要设置哪些步骤和分解动作呢？

听到这里，你可能已经顺理成章地领会到，你需要为实现理想状态列出一个目标清单，用具体的目标和计划去实现理想状态。你需要一项一项地完成目标和计划里的事项，并在过程中不断地让理想状态激励你前进，直到理想状态实现为止。

心理学研究表明，设置有效的目标，推动人们认真思考要在什么时候、什么地方，以及可以怎样向目标努力，更有助于使人们坚持到底。所以这个任务清单中的目标一定要具象化，具象化可以帮助你优化精力分配。

我们再来看小 X 的故事，从而更清晰地认识生日宴会场景与行动计划的关联。

24 岁的小 X 是一个已经步入职场两年的大学毕业生，目前的工作是一家理财公司的部门经理助理。她每天忙碌不堪，却感觉成就感和掌控感不强，有一种“辛苦疲累却不知为何”的空虚感。

她意识到，如果自己再不做些什么，很快就会变成 30 岁的经理助理，仍然要过同样的生活，还要面对一个无聊、忙乱的自己，这让人感到郁闷又挫败。

她不想再这样下去了，决定重新管理自己，掌控自己的生活。

于是，小 X 用笔描述了自己想象中未来希望达到的状态。

在我 30 岁生日那天，朋友和家人聚在一起为我庆祝生日。最近不只有这一件喜事：我的新工作单位（一家理财咨询公司）的老板上周告诉我，我已经是该公司的高级理财经理了。

在生日聚会上，老公首先站起来说：“老婆，生日快乐！我为你感到骄傲。我很开心在 4 年前遇到并在去年娶到了如此优秀的你。现在回想起来，你 24 岁就开始思考人生价值，真的是很难得。我最自豪的是你为这份理财经理的工作付出的努力，以及在努力过程中你持续的自我成长。你已经是一个好妻子，现在我们还在准备迎接即将出生的小宝宝。我为你而骄傲。再次祝你生日快乐！”

接下来为我的成就举杯的是妈妈：“女儿，生日快乐。妈妈就希望你能幸福、平安，有小张照顾你，妈妈放心多了。希望你的工作、生活都开心！怀孕了，要多注意自己的身体，生了之后妈妈可以过来帮你带，希望小家伙能健康茁壮成长！妈妈希望你不要太辛苦，要好好享受生活！”

我在瑜伽舞蹈班的朋友小兰也举杯祝贺："恭喜你，小 X，你是我见到过的最自律也最有追求的女孩子。是你的坚持带领我一起完成了这几年的瑜伽训练和身形自我提升，这让我们依然身材匀称，自信心满满。衷心感谢你，也祝愿你未来更美！"

在这些评价中，对她的工作、家庭付出、个人成长的认可，都让小 X 感到信心满满、斗志昂扬。小 X 清晰地感受到自己对人生的追求：做一个生活充实、富足，小有成就的女子，用满满的热情和爱照顾家庭，成为一名有爱心、负责任的好妈妈；同时发展事业，成为一名优秀的职业理财规划师；并时刻保持自己积极和健康的身体状态。

对于这些话和人生追求对应的现实场景，小 X 也做了很具体的描述：

自己需要在 30 岁之前找到知心爱人，结婚，如果可能的话，尽量在 30 岁左右怀孕生子，与伴侣一起经营一个美好、幸福的家庭。

辞去现在的助理工作，找一份与理财专员相关的工作，或者在公司内部找一找发展机会，并开始向自己的职业梦想——理财经理的方向发展。

自己的身体并没有随着年龄的增长而垮掉，反而因为坚持锻炼和保养，变得越来越好。

还有个人爱好、兴趣等，我喜欢画画，我想在把手头工作梳理好之后就把这个爱好捡起来。

……

针对这些现实场景，小 X 继续使用这节课后面将介绍的"价值 - 行为解锁图"，进行了相应目标的设定。

接下来请继续跟着我的讲述，了解你的价值排序，解锁你的价值 - 行为。

## 从价值模块排序出发，优化自己的精力分配

我们进行价值模块排序，目的是明确什么东西对自己来说更重要，然后以此为标准分配自己的精力，而不是被各种外界的事务拽着走。

这样做有 3 个好处：

第一，避免在其实对自己不那么重要的事情上浪费过多的精力。

第二，避免顾此失彼的盲目投入，从而把绝大部分精力花在了一两件最为重要的事情上。

第三，因为每天的精力分配都与自己内在的目标意义感相匹配，你的整体精力水平会得到提升。

这就是为什么“做真正符合自己追求的事”能为你带来源源不断的动力。具体怎么做呢？接下来我将给大家介绍由价值模块延伸而来的价值 - 行为解锁图。

下面是价值 - 行为解锁图的一个示例。

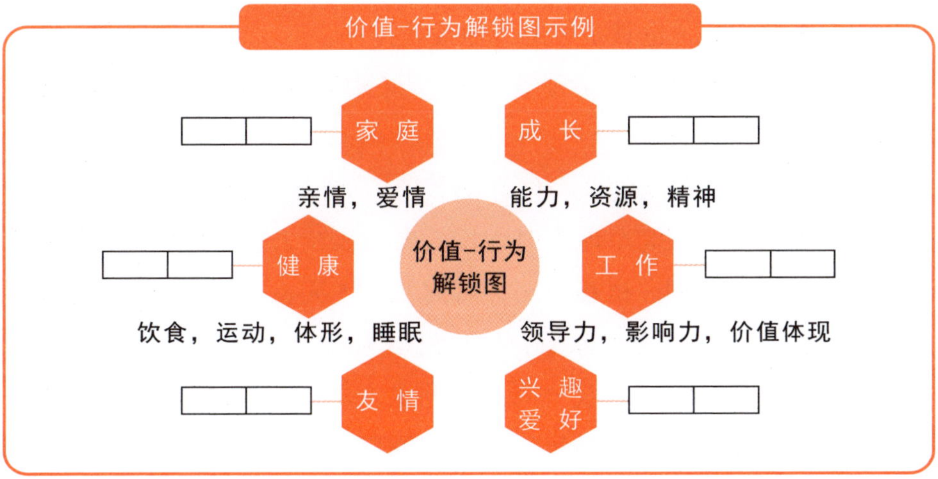

这张图里包含了我们之前提到的人生六大价值模块。每个模块旁边的格子里要填写你分配给这一模块的精力的比例。其中，左边的格子填写你的理想状态，右边的格子填写你的现实状态。

具体来说，在左边的格子里，你需要根据自己的价值模块排序，也就是这个模块对你而言的重要程度，填上你认为自己应该为它投入的精力比例（理想状态）。

然后在右边的格子里写上实际你花了多少精力在这类事情上（现实状态）。注意，无论是在理想状态还是在现实状态下，6 个模块的精力比例总和都应该是 100%。

左右两个格子中的数字越接近越好。如果理想和现状差异很大，你就要去自省。

关于表中各个模块的数字具体怎么填，是需要自己来判断的。

理想状态：是你自己想要达到的分配给各个模块的精力比例，类似于在你的人生中这六大类事情的重要程度。

但是要注意，因为你的精力资源是有限的，用在这里就不能用在那里，所以百分比的和一定要是 100%。比如我认为人生中家庭最重要，要占到至少 30%；工作次之，20%；学习和成长再次之，等等，往下排列，每个模块给出一个百分比，这样你就可以很清楚地看到各个模块在你心目中的权重，也就是你的价值模块排序。

现实状态：是你在行为上，分配给这六大类事情的时间和精力的比例。

这是你对自己现状的一个估计的数值，如果你做事情时往往能够全情投入，那么你可以简单地用时间投入来代表精力投入。比如，我写本书的时候还在哺乳期，也在上班，每周工作 5 天，一天 6 小时，也就是一周工作 30 小时。下班回家后，我尽量不加班，周末也不加班，专心陪孩子和家人。这样一来，我一周的时间里，基本工作占 30 小时 /168 小时 =17%；每天休息（先不包括晚上的睡眠）、饮食、锻炼等各项要花费约 3.5 小时，7 天共用约 25 小时，那么健康相关的事项占比是 15%；每天陪家人、孩子，花费 5~6 小时，甚至更多，7 天共占约 25%。

这里只进行了粗略的计算，而且假设了你在做每类事情时是专注、全情投入的。这种算法能给你一个参考，让你对自己投入在各个价值模块的时间、精力有个大概的估计。

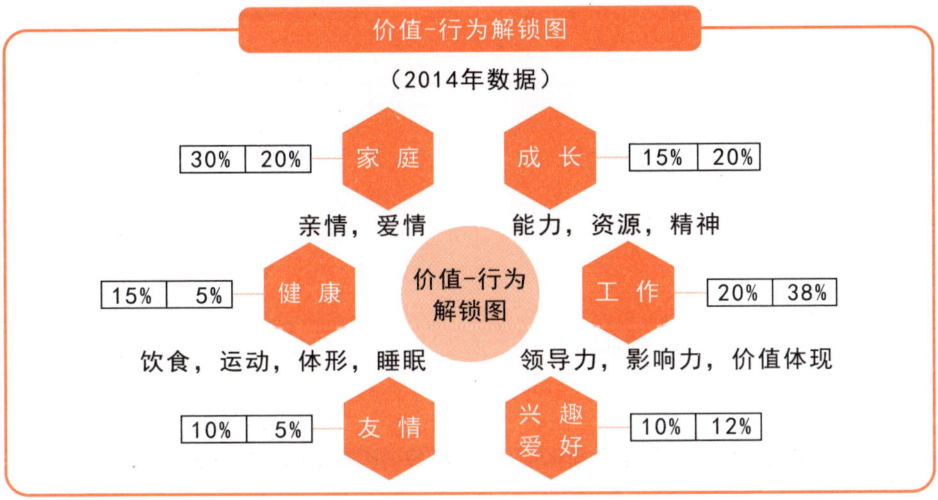


以大家在上图中看到的 2014 年我的数据为例，当时在我心里，健康还是很重要的，但我几乎没有将时间花在运动和投资健康的行为上（理想状态为 15%，现实状态为 5%），而是花了大量的时间和精力在工作上（理想状态为 20%，现实状态为 38%）。

可见，借助这一工具，你可以看到你的追求跟你的行动是不一致的。比如，经过统计，你才发现你实际上在工作上多花了精力，在健康上少花了精力，等等，所以你需要有意识地在行动上改变，去减少这个差距。

大家可以从以往训练营课程学员的作业中体会这张表是怎么用的。

## 以往训练营课程学员作业

zh1

差距比较大的有：

1. 工作：理想 25%，现实 50%。原因是过度追求工作上的满足感，没有认真思考价值模块排序和精力分配是否合理。改善办法有提升专注力，学习高效学习方法，快速完成工作。

2. 家庭：理想20%，实际5%。原因是对亲密关系有顾虑，逃避对关系的经营。需要改变心态。

3. 健康：理想25%，实际5%。原因是没有把对健康的追求落实到行动。

收起

已学习20天 2020-01-27 2 1

赵婧华（主讲）回复：阶段性投入大量精力在某一个价值模块很正常，比如2013~2015年，工作占据了我大量的时间、精力，但我也快速成长起来。最关键的是，要及时意识到不合理的精力分配并进行调整。

zh2

在工作和家庭模块上的差别最大，然后是健康以及其余3个模块。

原因分析：

1. 找不到工作的价值意义感。

2. 倾向于做简单的事情，本能地逃避深度思考。

3. 习惯将时间和精力花在家庭和生活中（而不是花在努力工作上），潜意识里给自己合理性。

4. 不自律，无法抵挡娱乐的诱惑，本该用来学习、成长的时间被无形地浪费了。

收起

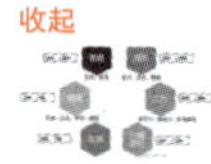

已学习6天 2020-02-16 5 2

赵婧华（主讲）回复：自己分析出原因就意味着有改善的可能性。

一定找到工作的价值意义感，你可以做一下霍兰德职业兴趣和职业价值观测评。

zh3

现在我只将大量时间花在了娱乐和学习两件事情上。花在工作上的精力是有的，但是因为在实习，经验不足，我不知道怎么下手，每天进展不大。我和家人的交流也不多，因为不知道该从何说起。在友情方面，因为同学一毕业就各奔东西，平常也不太想跟哪个同学聊，所以我和大家很少联系，只有回家会见到几个。锻炼身体更是拖了很长时间都没有开始，最近正在落实锻炼计划。

以后我应该主动增加友情和健康模块的投入时间，再提升工作、成长的效率。不过明确的精力分配比例我还没想好。

收起

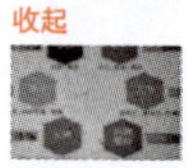

已学习19天 2020-03-27 8 14

赵婧华（主讲）回复：工作不知道怎么下手，那就要去"求助"，"吸收经验""借力使力"，"张开嘴，迈开腿"在工作上同样适用。

多问、多咨询、多请教有经验的人，主动寻求"帮助"和"经验灌输"。

zh4

工作方面：经常超负荷，加班非常多，不堪重负。

成长方面：一直有学习的习惯，也比较重视自我提升，因此在这方面花费的精力比重较高，每天都有具体的学习行动。

家庭方面：因为目前单身，暂不考虑发展对象，我这方面的精力使用主要与父母有关，理想比重较轻；实际上周末与节假日我常陪伴父母。

健康方面：会注意饮食，没有规律运动习惯。

友情方面：常与要好的同学、网友联系，自己感觉挺舒适的。

兴趣爱好：长期坚持的爱好是画思维导图，并与学习结合起来，自己觉得非常好，有输入、有输出。

收起

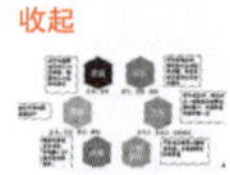

已学习11天 2020-05-28 3 11

赵婧华（主讲）回复：越是不喜欢，越要去尝试，先找到一个你喜欢的方便的运动，不要等到临近"油腻"时再去做运动。

# 2.2 如何把理想的精力分配目标落地为行动

在知道了自己要在六大价值模块各投入多少精力之后，这一节我们要处理的问题是，这些被你按比例分配的精力具体要怎么使用，也就是说，如何把你对六大价值模块的排序以及以它为基础的理想的精力分配目标，具体化到每天的行动中。

只有做到了这一点，我们才能保证自己每天的工作、生活在沿着自己想要的方向前进，你每天的行动也才能获得来自目标意义感带来的源源不断的动力。

## 价值－行为解锁图

上一节中，我们用“价值－行为解锁图”直观地对比了自己理想状态和现实状态里的精力分配情况。

在这一节，我们要把自己的价值模块排序和以此为基础的精力分配，与每天的具体行动链接起来，这也需要使用这张图。这也是我把这个工具叫作“价值－行为解锁图”的原因。

下面，我们就来看一下如何使用这个工具，一步一步把我们在上一节中确定下来的精力分配方案，落地到自己每一天的行动里。记住，你的精力分配方案反映的是你长远的、整体的追求（目标意义感），所以要把它落地到每天的行动里，你至少需要完成以下 3 个步骤：

（1）人生行为解锁。

（2）年度行为解锁。

（3）每日行为解锁。

下面分别具体解释每个步骤。我们先来看第一步——人生行为解锁。

## 基于价值模块排序的人生行为解锁是一个长期行动规划

人生行为解锁是一个长期行动规划。你需要仔细思考，在六大价值模块，你要达到的长期目标是什么，要完成的事情是什么。

通过上一节的学习，我们已经对人生六大价值模块进行了重要性排序，并且把这个排序量化成了精力分配的比例。而在这一步，我们要做的是让自己明确在这六个模块，自己长期的、整体的目标是什么，要做的事情是什么。

仔细思考，然后在价值－行为解锁图里每个模块的旁边把它们写下来。举个例子，你想到的长期目标和行动可能是下面这些。

- 家庭模块：你想要找一个志同道合的，符合自己最重要的 3 个追求的理想的伴侣。
- 工作模块：你想要在 35 岁之前完成积累，找到并投入自己热衷的事业。
- 成长模块：你希望自己成为一个终身成长的人，随着年龄增长，能力不断提升，资源不断扩增。
- 健康模块：你希望自己看起来比同龄人年轻、健康，BMI（身体质量指数，BMI = 体重 / 身高的平方）达到并保持在合理范围，体形优美。
- 友情模块：你想要 3~5 个有共同兴趣、关系要好的朋友，拥有亲密关系之外的情感联结。
- 兴趣爱好模块：你喜欢弹钢琴 / 绘画 / 唱歌，希望能有机会考级或者进行表演。

下面你可以看到一名学员按照这些想法填好的人生价值－行为解锁图。

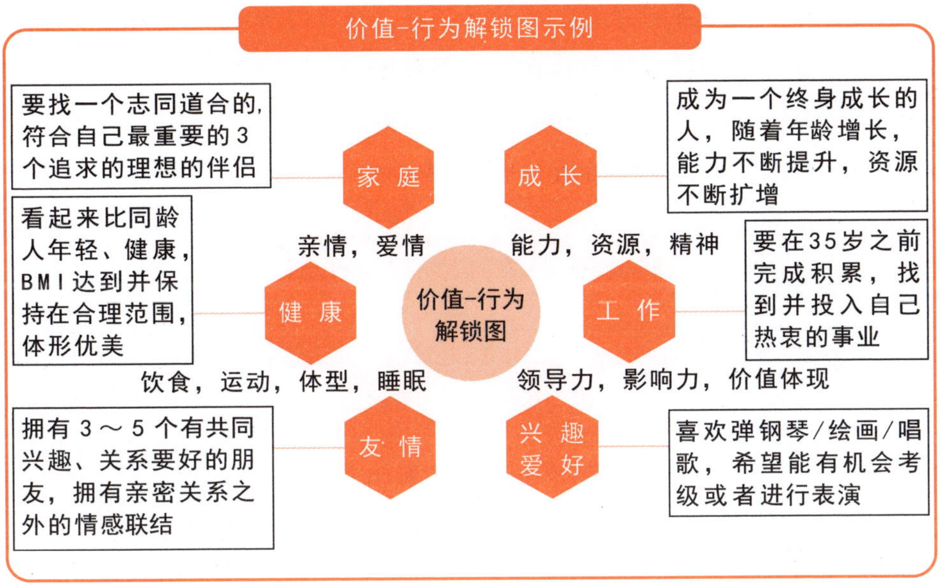


## 基于价值排序的年度行为解锁是一个明确的年度目标

第二步是年度行为解锁。

明确了长期目标之后，每年初或者就从现在开始，你需要针对自己的这六大模块去填写自己今年需要做的事情。这样做的目的是帮助你把长期目标阶段化，让你去思考为了一步一步实现自己的长期目标，在接下来的一年里，你需要完成什么阶段性目标，可以做一些什么事。

比如，以上文举的人生行为解锁的例子为基础，你可以做下面这样的年度行为解锁。

- 家庭模块：今年至少相亲 10 次，至少结识 20 位异性朋友。
- 工作模块：今年 25 岁，想实现从一线销售向销售经理的提升，完成职业发展的第一步。
- 成长模块：希望今年能读 20 本精彩的个人成长类图书，并完成自己读书公众号的建设。
- 健康模块：希望自己今年内能减重 7.5 千克。

- 友情模块：增进和老朋友的关系，并发展 1~2 个读书会的好朋友。
- 兴趣爱好模块：希望今年自己能创作 15 幅绘画作品，并邀请朋友们来赏鉴。

将这些内容填在年度价值 - 行为解锁图中是下面这样的：

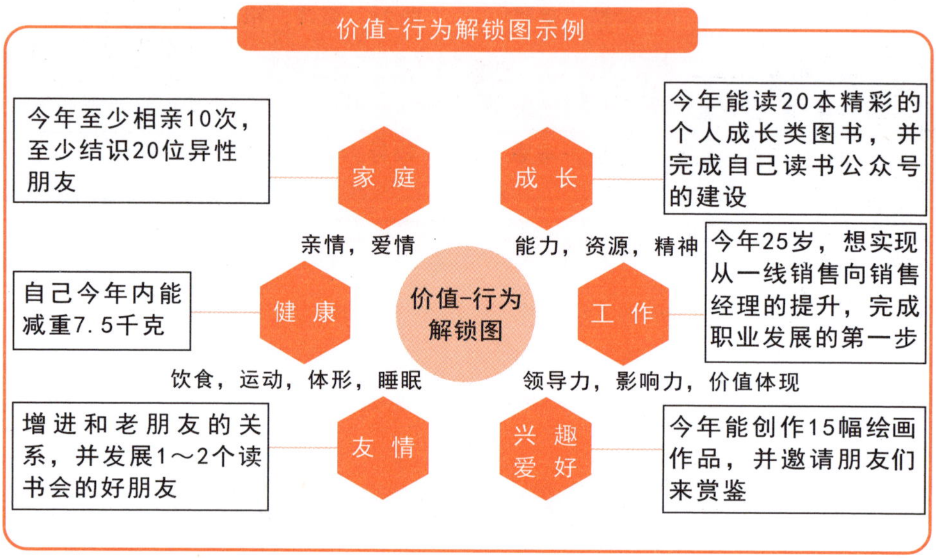


年度行为解锁是对人生行为解锁的分解化、具体化，所以在这一步，你需要注意，这里你列的要做的事、要实现的目标，需要和你在人生行为解锁里确定好的长期目标保持一致。

## 基于价值排序的每日行为解锁是一个真正可以落地的行动方案

最后是第三步，每日行为解锁。

你的规划必须落地为每天的行动，才能真正合理分配精力，积累复利，达到你想追求的目标。

每天晚上或者每天早上，你可以针对这六大模块，填写一件或者两件在这个模块下你需要做的事情，促进你年度目标的完成。

比如，继续上面的例子，你列出的每日行为解锁可能会是下面这样的。

- 家庭模块：与心仪的一位同事/朋友共进午餐/晚餐/下午茶，聊一聊她对一些事情的看法，增进你对她的了解。
- 工作模块：明天在一个半小时之内完成老板这周末要的一套片子的框架。
- 成长模块：花一小时重温《×××》这本书，并输出读书笔记，下午5~6点完成。
- 健康模块：明天早上刷牙的时候做20个蹲起，晚上睡觉前做15个仰卧起坐。
- 友情模块：给很久没联系的某个好朋友打个电话。
- 兴趣爱好模块：晚饭后半小时画一幅简单的简笔画。

下面是每日价值－行为解锁图的一个示例。

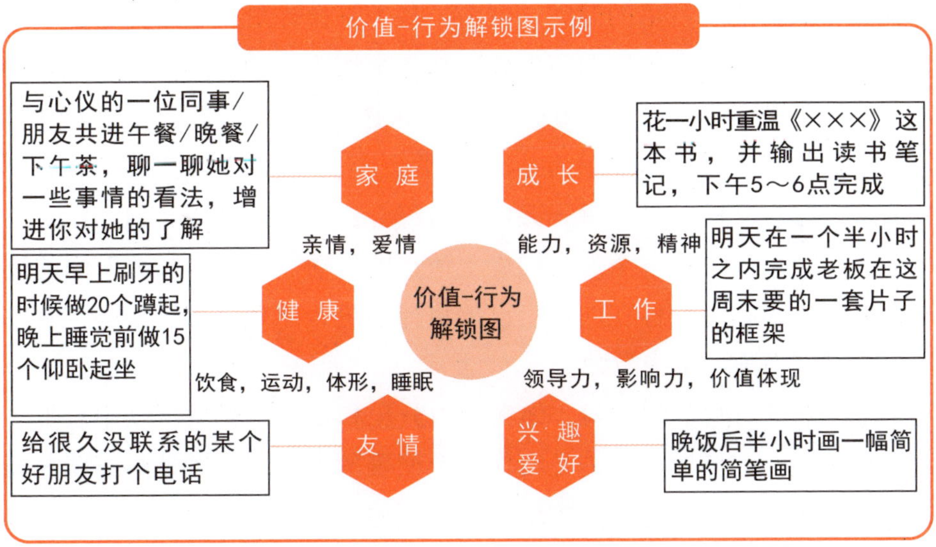


通过以上简单的3个步骤，你的价值模块排序和精力分配就可以落地为每天的行动。

## 注意点

对于价值－行为解锁图这个工具而言，长期、年度和每日行为解锁是3个必不可少的管理节点，它们能帮助你明确长期规划、年度计划和每天的行动安排。如果你感觉对自己来说年度行为解锁和每日行为解锁之间跨度太大，也可以用同样的方式，自己完成季度、月度、每周行为的解锁，根据你的实际需要去计划就可以。

在做每日行为解锁的时候，行动安排不要太大、太空，这些行动既需要与长期和年度目标保持一致，是它们的具体化呈现，又必须是每天可以完成的行为。这样，你在做每件事情时都会很笃定、有方向感、有成就感，因此也更容易使精力集中而充沛，做事更有成效。

重要的是明确自己的价值模块排序和精力分配目标，然后把它一步一步贯彻到具体的行动中。也就是说，你在6个模块上的活动安排，是以你在心中确定的精力分配目标为基础的。所以制订活动安排时，应想一想你写的事情所占用的时间、精力，是否符合你对自己精力分配的要求。也许你不必强求每天的精力分配都完全按照你确定的精力分配目标来，但需要保证总体上（比如一年内）你的精力分配是符合你的规划的。

如果你持续迭代你的人生行为解锁、年度行为解锁、月度行为解锁、每日行为解锁，坚持每一天持续做符合自己价值追求和自己想做的事情，积累自己在每一个价值模块上付出的行动、精力，随着时间的流逝，你会越来越觉得你在向着自己的目标前进，感到充实、幸福、有掌控力、元气满满、备受激励。

通过本课前两节的学习，你在精力分配和每天的具体行动中获得了目标意义感。这样做的目的是给你一个明确的方向，它既让你正确分配精力，又能从整体上提升你的精力水平。通过目标意义感来管理和提升自己的精力，不止与方向有关，你制订的目标本身的“质量”也会影响你的精力水平。

下一节，我会告诉你，对于精力管理来说，一个什么样的目标是高质量的，能给你带来更多动力的。

## 2.3

# 一个能提升你精力的目标长什么样

在前面两节，我们学习了如何通过价值模块排序和价值 - 行为解锁图，来让自己每天的目标、行动与自己的长期目标保持一致，从而获得目标意义感带来的源源不断的驱动力。

在保证了每天的目标、行动与自己的长期目标和价值追求一致之后，我们需要关注自己制订的具体目标的质量，看一看一个什么样的具体目标更能够给我们带来能量。从精力管理的角度来说，如果我们每天的目标和行动与自己的价值观保持一致，那么就能给自己注入源源不断的目标感和能量。

### 高精力目标需要考虑 5 个维度

那么怎样才能使每天的目标和行动与自己的价值观保持一致，从而给自己注入源源不断的目标感和能量呢？从设定目标的角度来说，除了方向要正确外，目标本身的质量对于其能否给我们带来积极的能量和驱动力，也具有决定性作用。

管理学大师德鲁克提出的 SMART 原则是最经典的目标管理标准，这个原则告诉我们，一个好的目标有 5 个标准。

- 具体性：目标必须是具体的（Specific）。
- 可衡量：目标必须是可以衡量的（Measurable）。
- 可达到：目标必须是可以达到的（Attainable）。
- 相关性：目标要与其他目标有一定的相关性（Relevant）。
- 时限性：目标必须有明确的截止期限（Time-bound）。

站在提升精力的角度，这套 SMART 原则仍然很有价值。

从精力管理出发，我们对这套原则进行了针对性调整，形成了精力管理中评价目标的“高精力目标五维度”（见表 2-1），来评判一个目标是否有利于我们精力的提升。这 5 个维度如下。

- 具体性：目标需要被具体描述。
- 可衡量：目标可以转化为量化指标。
- 时限性：目标必须有截止期限，以督促自己。
- 挑战性：目标要切合实际，也要有一定难度，让你想起这个目标就心潮澎湃。
- 正向性：目标需要用积极词汇而不是消极词汇来进行描述。

对比两套标准，你会发现，“高精力目标五维度”的具体性、可衡量、时限性 3 个原则与 SMART 一致，德鲁克 SMART 原则中的相关性和时限性，在“高精力目标五维度”中修改为“挑战性”和“正向性”。

下面我们来具体看一下高精力目标五维度。

**表 2-1　SMART 原则和高精力目标五维度**

| 是否相同 | 德鲁克 SMART 原则 | 高精力目标五维度 |
|---|---|---|
| √ | 具体性 | 具体性 |
| √ | 可衡量 | 可衡量 |
| √ | 可行性 | 时限性 |
| × | 相关性 | 挑战性 |
| × | 时限性 | 正向性 |

第一个维度是具体性。

目标需要具体化，只空谈理想可不成。在制订目标时，如果能更详细地思考自己应该如何行动，就意味着为了成功，你的准备会更落地。具体性是一个目标是否可执行的关键。

举个例子，你说你的目标是让自己拥有别人羡慕好的身材，这个目标听起来很美好，但是不具体，没法转化成具体的行动。如果你是个女孩子，具体的描述应该是：我的目标是使自己的身材标准、匀称，看起来细瘦高挑，减重 6 千克，BMI 控制在 21 以内，腰围控制在 ××cm 以内，腿围少于 ××cm，能穿上我去年夏天买的那条很有仙气的裙子。

第二个维度是可衡量。

一个可以被量化衡量的目标会让人更有动力去追逐，也只有这样的目标才能让你知道什么时候这个目标算实现了。为了帮助你理解，我用表 2-2 来举例说明可衡量和不可衡量的目标的差别。

**表 2-2 可衡量和不可衡量的目标的差别**

| 可衡量的目标 | 不可衡量的目标 |
| --- | --- |
| 每周我要与老板深入交流3次（比如讨论项目进展、个人成长、对公司未来发展的一些思考、自己未来的职业目标等），可以采取约领导出去吃饭、喝咖啡的形式，或者在工作时间找个安静的地方谈话 | 我想得到老板的关注、理解和培养 |
| 每周我要给父母打一次电话，每次通话10分钟 | 我必须多花时间与父母相处 |
| 每周我要练习瑜伽操两次，每次30分钟 | 我需要多锻炼身体，打造好身材 |

第三个维度是时限性。

向自己承诺会在一个特定的日期前完成目标。选择一个对你达成目标而言既有挑战性又比较现实的截止日期，这样可以迫使你采取行动，但又不会让你太担心如何才能按时完成任务。即使最后只完成了一部分，比如 80%~90%，甚至 60%，也胜过没有截止日期。你可以给自己一点时间，来逐步检验到底什么样的截止日期更适合自己完整地完成任务。

还是举上面那个女孩子减肥的例子。她可以这样说：我要在 6 个月之内达成我设定的关于身材的具体目标，6 个月减重 6 千克，所以我每个月要减重 1 千克。

如果到了 6 个月后，这个女孩子成功减重了 5 千克，那么她实际上达成了 83% 的目标，这也是很好、很值得鼓励的。

第四个维度是挑战性。

有挑战性和价值的目标能让人想起来的时候心潮澎湃，这样才能不断激励你去实现它。心理学研究发现，人们常常会低估自己的能力。其实你比自己想象的还要优秀。所以，为自己设置一个可以提高自身能力且具有挑战性的目标。这样做可以让结果远远超出你的想象。

注意，有挑战性的目标比轻易就能达成的目标更能激励你，但是不现实的、无法达成的目标可能只会让你感到挫败、厌烦和抗拒。因此，目标要有挑战性，但更要现实。另外，不同的目标会给你带来完全不同的感受。所以，你要确保自己选择的是那些自己愿意不顾一切为之奋斗的目标。

继续前面那个例子：如果女孩说自己要在 6 个月内减重 6~7.5 千克，这个计划就是有挑战性并且有激励性的，她一想象减重成功后穿上裙子美美的状态，就会特别受鼓舞。而如果她的目标是在 6 个月内减重 15 千克，那这个目标就有点好高骛远了，听起来决心满满，实际上很容易因为根本达不到而自我否定、中途放弃。

第五个维度是正向性。

正向的描述至关重要，因为人类的大脑会不自觉地对你的语言进行视觉化的呈现，而“不做”“不要”“别”这类字眼，无法变成视觉化的具象，那么带来的后果就是你用“不”所描述的那个目标，会被你的大脑以相反的具象来呈现。

粉红色大象的例子，相信每个人都听过。你无法在头脑中视觉化“不要思考一头粉红色大象长什么样”，相反，你的脑海中会直接出现一头粉红色大象！

你再想象一下，你正在节食，这时有人对你说：“别吃炸鸡，千万不要想炸鸡啤酒的美味！”你觉得在这种时刻你听到的、想的、渴望的是什么？当然是炸鸡啤酒了！

关于这一点，有如下的心理学原理：

当你设置一个目标后，你的大脑会找到自己要专注的东西。所以，一旦你设置了一个采用负向描述的目标（又称“消极目标”），比如“我不想担心”，你的大脑就会专注于“担心”，结果你会变得更担心。当你告诉自己“我不想让自己在开会时感到尴尬”，你的大脑就会注意到“尴尬”这个词，最后你会感到前所未有的尴尬。可见，含有“不要”“不”或者“更少”的目标会给人带来挫败感。

因此，最好为自己设置采用正向描述的目标（又称“积极目标”），比如“我想更乐观”或“我想在开会时做一个自信的参与者”。

心理学实验研究也证明了上述论点。研究发现，与那些设置消极目标（这些目标是关于他们想避免什么的）的人相比，那些设置积极目标（这些目标是关于自己想要什么的）的人更可能实现目标。所以，尝试用“发展”“赢得”或“磨砺”这些正向积极的词语来描述你的目标，会更有助于实现它。大家可以通过表 2-3 体会这两种目标的差异。

**表 2-3　积极和消极目标对比**

| 消极目标 | 积极目标 |
|---|---|
| 不再晚睡，拒绝熬夜 | 每天早点睡，比前一天提前半小时上床 |
| 晚上睡前不玩手机 | 晚上睡前看会儿书，或者听会儿音频课程 |
| 上班时间不再一动不动地坐着 | 上班时间定个闹钟，每隔一小时就起来走动走动 |
| 工作期间不看微信朋友圈 | 工作时把手机静音，扣放在抽屉里，定好番茄钟，专注工作至少30分钟再拿出手机 |

## 2.4

# 如何优化目标来获得更充沛的精力

高精力目标五维度是衡量一个目标能否有效提升我们的精力的标准。只有对行动有指导意义的目标才能让你做起事来有积极的感受和高效的体验，从而更好地提升你的精力和效率。那我们要怎么才能让自己的目标对行动有指导意义，并得到落地执行呢？这一节将教给大家一个非常好用的小工具——“具象化可执行意图表”，这是一个很简单、实用的目标拆解工具。

## 具象化可执行意图表是助你实现目标的具体行动计划表

与其只是反复承诺完成目标，不如认真想一想目标在什么样的具体场景中更可能实现，这样更能帮助你达成目标。

高精力目标五维度的一个核心，就是让目标可执行化。一个能够给你带来驱动力的目标，应该明确实现目标的路径，能够告诉你怎么一步一步从起点走到目的地。“具象化可执行意图表”是一个实现目标的具体场景和行动计划表，可以理解为一张行动图，它可以详细地告诉你要做什么，还有谁可以参与，以及这些行动将在何时何地发生。通过具象化可执行意图表完成的目标设定和详细的行动计划更明确、更具体、更有可行性，能让你的精力能量提升一个大台阶。

表 2-4 是一个具象化可执行意图表的空白样表，我们来具体看一下这个表的几个维度。你可以根据示例，按照下面 6 个步骤填写自己的表格。

**表 2-4　具象化可执行意图表**

| 目标是什么 | 将大目标拆解为小目标 | 可以做什么 | 涉及谁 | 在哪里做 | 什么时候做 | 完成的最后期限 | 是否完成（完成打钩） |
|---|---|---|---|---|---|---|---|

## 填写具象化可执行意图表需要 6 个步骤

第一步，在第一栏写下你的目标。

写目标的时候注意 3 点。

- 对你来说这个目标难度适中，有一定挑战性，但又不是不可能完成的。
- 描述目标的时候注意用积极词汇，而不是消极词汇。
- 对目标的表述要简单易懂，就算行业外的人读，也能看明白你写的东西。

为了帮助你理解操作步骤，我用一个例子来说明：

现在小 G 手里有一些闲钱，他想，与其让钱闲在那里，不如做一点投资理财来给自己增加一点收入。但是小 G 之前完全没做过理财，不知道该怎么做。

面对这种情况，在这一步，小 G 可以写下这样一个目标：提升理财思维，通过理财增加财务积累。然后将其分解为两个小目标：了解研究理财的途径，根据咨询建议选择理财方式。这是两个简单易懂的目标，对一个理财“小白”来说，需要一些专门的学习，但又不会太难。

在表 2-5 至表 2-10 中，我们以小 G 提出的这种目标为例，呈现了针对一个目标，怎么填写具象化可执行意图表。

**表 2-5　具象化可执行意图表——第一步**

| 目标是什么 | 将大目标拆解为小目标（按步骤、按维度均可） | 可以做什么（也可以继续分解为每一步做什么） | 涉及谁 | 在哪里做 | 什么时候做 | 完成的最后期限 | 是否完成（完成打钩） |
|---|---|---|---|---|---|---|---|
| 提升理财思维，通过理财增加财务积累 | 目标一：了解研究理财的途径 | | | | | | |
| | 目标二：根据咨询建议选择理财方式 | | | | | | |

第二步，在第三栏写下你具体打算做哪几件事来实现目标。

你需要使内容更具体些。在第二栏中，你可以只写“了解研究理财的途径”，但在第三栏中，你必须详细描述，例如“与一位懂理财的朋友约聊，或者在银行找一位懂理财的咨询师进行专业咨询”。

**表 2-6　具象化可执行意图表——第二步**

| 目标是什么 | 将大目标拆解为小目标（按步骤、按维度均可） | 可以做什么（也可以继续分解为每一步做什么） | 涉及谁 | 在哪里做 | 什么时候做 | 完成的最后期限 | 是否完成（完成打钩） |
|---|---|---|---|---|---|---|---|
| 提升理财思维，通过理财增加财务积累 | 目标一：了解研究理财的途径 | 与一位懂理财的朋友约聊，或者在银行找一位懂理财的咨询师进行专业咨询 | | | | | |
| | 目标二：根据咨询建议选择理财方式 | 在专业理财人员的帮助下挑选理财方式和产品 | | | | | |

第三步，在第四栏写下你的计划可能会涉及哪些人。

问问自己，其他人是否可以帮助你完成这项计划。在本案例中，如果你设定的小目标是找一个懂理财的人帮助你，那么这个人你就可以填在第四栏。

**表 2-7　具象化可执行意图表——第三步**

| 目标是什么 | 将大目标拆解为小目标（按步骤、按维度均可） | 可以做什么（也可以继续分解为每一步做什么） | 涉及谁 | 在哪里做 | 什么时候做 | 完成的最后期限 | 是否完成（完成打钩） |
|---|---|---|---|---|---|---|---|
| 提升理财思维，通过理财增加财务积累 | 目标一：了解研究理财的途径 | 与一位懂理财的朋友约聊，或者在银行找一位懂理财的咨询师进行专业咨询 | 我及理财行家王某某 | | | | |
| | 目标二：根据咨询建议选择理财方式 | 在专业理财人员的帮助下挑选理财方式和产品 | 我以及专业理财师 | | | | |

第四步，在第五栏写下你要在哪里开展行动。

考虑一下你打算采取的行动和行动涉及的人，想想你们可以在哪些地方做这些事情。在本案例中，你可以在公司楼下的咖啡厅实施你的计划，把这个地点填到表格的第五栏。

表 2-8 具象化可执行意图表——第四步

| 目标是什么 | 将大目标拆解为小目标（按步骤、按维度均可） | 可以做什么（也可以继续分解为每一步做什么） | 涉及谁 | 在哪里做 | 什么时候做 | 完成的最后期限 | 是否完成（完成打钩） |
|---|---|---|---|---|---|---|---|
| 提升理财思维，通过理财增加财务积累 | 目标一：了解研究理财的途径 | 与一位懂理财的朋友约聊，或者在银行找一位懂理财的咨询师进行专业咨询 | 我及理财行家王某某 | 在公司楼下咖啡厅 | | | |
| | 目标二：根据咨询建议选择理财方式 | 在专业理财人员的帮助下挑选理财方式和产品 | 我以及专业理财师 | 在公司楼下咖啡厅 | | | |

第五步，在第六栏写下你打算什么时间做这些事。

看一下你自己的时间安排，并考虑行动会涉及的人，选一个合适的时间。比如，在与你的一位懂理财的朋友商量之后，你们把谈话的时间定在了这周五的下午。

表 2-9 具象化可执行意图表——第五步

| 目标是什么 | 将大目标拆解为小目标（按步骤、按维度均可） | 可以做什么（也可以继续分解为每一步做什么） | 涉及谁 | 在哪里做 | 什么时候做 | 完成的最后期限 | 是否完成（完成打钩） |
|---|---|---|---|---|---|---|---|
| 提升理财思维，通过理财增加财务积累 | 目标一：了解研究理财的途径 | 与一位懂理财的朋友约聊，或者在银行找一位懂理财的咨询师进行专业咨询 | 我及理财行家王某某 | 在公司楼下咖啡厅 | 本周五下午 | | |
| 提升理财思维，通过理财增加财务积累 | 目标二：根据咨询建议选择理财方式 | 在专业理财人员的帮助下挑选理财方式和产品 | 我以及专业理财师 | 在公司楼下咖啡厅 | 下周一下午3点到5点 | | |

第六步，给自己设定一个行动的最后期限。

完成整体目标的期限可能是几周、几个月甚至一年，但单个行动的期限应该只有几天，最多两周。给具体每个步骤的行动设定期限的做法就是将长期目标转换成短期的行动计划，短期的行动计划更有具象性和激励性，并且因为更容易达到而更能让人有成就感，从而可以为长期目标坚持。

经过这六步，你就会得到一个完整的具象化可执行意图表。

**表 2-10 具象化可执行意图表——第六步**

| 目标是什么 | 将大目标拆解为小目标（按步骤、按维度均可） | 可以做什么（也可以继续分解为每一步做什么） | 涉及谁 | 在哪里做 | 什么时候做 | 完成的最后期限 | 是否完成（完成打钩） |
|---|---|---|---|---|---|---|---|
| 提升理财思维，通过理财增加财务积累 | 目标一：了解研究理财的途径 | 与一位懂理财的朋友约聊，或者在银行找一位懂理财的咨询师进行专业咨询 | 我及理财行家王某某 | 在公司楼下咖啡厅 | 本周五下午 | 这个月内 | |
| | 目标二：根据咨询建议选择理财方式 | 在专业理财人员的帮助下挑选理财方式和产品 | 我以及专业理财师 | 在公司楼下咖啡厅 | 下周一下午3点到5点 | 这个月内 | |

可以看到，这个具象化可执行意图表已经把你的目标具体化了，它实际上就是一个详细的行动计划！也就是说，它在一步一步促使你思考，帮助你把目标变成行动计划。

填写具象化可执行意图表实际上是在分解动作，填写的过程就是将头脑中的模糊目标逐渐清晰化的过程。在制订这个计划的过程中，你会形成对目标的可操作性的确定判断，并且因为时间、地点、人物统统都已经确定，所以很容易把计划付诸行动，避免因为“目标和行动计划太模糊”而导致的拖延。

你可以把具象化可执行意图表放在你每天都可以看到的地方，甚至复印几份，在家里或者办公室放着。每完成一个目标，就在表格的最后一栏打上钩。

如果你一个接一个地完成了计划中列出的行动，你就会感觉到你成了一个全新、更加自信、对精力更有掌控感的自己，这对你来说意义非同小可。

并且，在你实现这一个一个小目标的过程中，因为你的目标更加明确，你也更加专注，全情投入，你的精力不会被漫无目的地消耗，精力运行会更高效。

## 注意点

使用具象化可执行意图表的时候要注意：具象化可执行意图表只是一个工具，针对的目标可大可小。你可以在把大目标做成一张表格后，再将该目标拆解成小步骤，每个小步骤做一张表格。这个工具的好处在于它能够促使你一步一步地思考和细化行动方案，是对目标的一种分解。同时，养成习惯很重要。

建议每次都针对某一个具体的目标来做分解，每月给自己做 3 张具象化可执行意图表，并把这 3 张表放在一起，每达成一个目标就划掉一个，以强化成就感。当养成习惯以后，在制订计划时，你会自然而然地按照表格中的要素细化行动方案。

表格第三栏“可以做什么”中最多写 3 件需要做的事情。这里应选择与你这个目标最贴近的 3 个行动事件。

因为涉及制订目标，所以具象化可执行意图表的内容不可大而空，而要尽量具体化，越具体，对执行越具有指导意义，尤其“可以做什么”这一栏。

下面我给大家分析几个具象化可执行意图表的案例。

案例一：学员 zh5 的表格（见表 2-11）

**表 2-11　具象化可执行意图表——案例一：学员 zh5 的表格**

| 目标是什么 | 可以做什么 | 涉及谁 | 在哪里做 | 什么时候做 | 完成的最后期限 | 是否完成 |
| --- | --- | --- | --- | --- | --- | --- |
| 成长：提升财经领域的知识水平 | 每月至少阅读两本财经相关图书，输出一篇读书笔记（多于1500字，发布在简书或知乎） | 自己 | 通勤路上；家里 | 早晨 7:00~8:00；晚上 9:00~10:00 | 2020年5月31日 | |
| 健康：体重降到65千克以下 | 每天至少通过运动消耗1500卡路里的热量；清淡口味，健康饮食 | 自己 | 在家里做运动；关注日常饮食，少点外卖 | 每天晚上 8:30~9:00 | 2020年6月30日 | |

这个学员的表格做得相对细致，在健康、成长模块都有自己的目标

以及分解好的可执行意图，描述也比较清晰。

但是他的表格也有如下需要改善的地方。

- 在健康模块“可以做什么”的第一条内容中，应把具体要做的事情写出来。比如，每天至少通过运动消耗1500卡路里的热量，那么具体要进行什么形式的运动，跑步、健走，还是其他？如果是在家里运动的话，需要设备，如椭圆机吗？要采用高强度间歇性训练（High Intensity Interval Training，HIIT），还是其他的什么？有这样具象化的内容，才更容易执行。
- “清淡口味，健康饮食”也需要细化：仅仅做到少点外卖就够了吗？每餐具体吃什么？每天吃多少餐？这些都是需要考虑的。因为这个计划是关于减重的，所以这些饮食方面的细节就更重要了。

案例二：学员zh6的表格（见表2-12）

**表2-12　具象化可执行意图表——案例二：学员zh6的表格**

| | 理想 | 现实 | 目标是什么 | 可以做什么 | 涉及谁 | 在哪里做 | 什么时候做 | 完成的最后期限 | 是否完成 |
|---|---|---|---|---|---|---|---|---|---|
| 工作 | 25% | 60% | 定期工作汇报 | 和总监沟通 | 我、总监 | 办公室 | 下午16:00 | 下周二前 | |
| 成长 | 20% | 20% | 输出读书笔记 | 阅读 | 我 | 办公室 | 中午12:30~13:30 | 下班前 | √ |
| 健康 | 15% | 10% | 健康饮食，运动 | 自己带饭 | 我 | 厨房 | 工作日 | 前一天晚上处理食材 | √ |
| 家庭 | 20% | 0% | 相亲 | 参加同城活动 | 我、组织者 | ×× | 周末 | 周末 | |
| 友情 | 10% | 5% | 约朋友吃饭 | 给朋友打电话 | 我、朋友 | 回家路上 | 晚上18:30 | 当天 | √ |
| 兴趣爱好 | 10% | 5% | 照顾多肉等植物 | 整理花盆修剪枝叶 | 我 | 家里 | 周末早上 | 周末 | |

这位学员的表格把价值–行为解锁图与具象化可执行意图表结合起来了，列出了自己在六大模块的目标以及分解好的可执行性意图。但他同样存在“可以做什么”这一栏写得不够细致的问题。

以家庭这个模块下的目标“相亲”为例，“参加什么类型的同城活动”“从哪里得到同城活动的消息”等，都是需要写在计划里面的，否则计划就容易落空。

案例三：学员 zh7 的表格（见表 2-13）

**表 2-13 具象化可执行意图表——案例三：学员 zh7 的表格**

| 目标是什么 | 可以做什么 | 涉及谁 | 在哪里做 | 什么时候做 | 完成的最后期限 | 是否完成 |
|---|---|---|---|---|---|---|
| 以55千克的体重进入2020年 | 每天至少通过运动消耗2000卡路里的热量 | 自己和舞蹈老师 | 在家、在健身操教室 | 每天晚上进行第二天的规划，并在吃饭前完成记录。周一、周四健身操课 | 2019年12月31日 | |
| 学习一门管理课程；输出读书报告 | 选择一本书和一门课程，分解读书及课程学习目标 | 自己和读书群的小伙伴 | 手机阅读 | 通勤路上和晚上睡觉前 | 依据课程安排 | |
| 增进与家人的关系 | 每周与家人进行一次视频聊天，讲讲趣事 | 自己和家人 | 在家里 | 每周五或周六的晚上 | 先在2020年1月31日之前养成习惯 | |

这位学员的表格在具体性上就做得很好，她明确写了自己在学习上要学习一本书和一门课程，并输出读书报告，并且对完成课程和读书的行为进行了具体的时间、地点上的安排。当然，如果能进一步明确每天读书多久、学习课程多久，以及具体在哪个时间段做这些事，这个具象化可执行意图表就更容易落地。其他的目标也要进行相应处理。

## 用笔写下来可以帮助你对抗拖延

制订完切实可行的目标，就要开始行动了。但是我相信你们每个人都有过这样的体验：制订完目标，有时候会因为拖延而导致巨大的精力消耗。

这里有一个小技巧，可以稍微给你施加一点压力，帮你避免拖延：拿出你的日记本或笔记本，当你下次想拖延的时候，就花一些时间，找个安静的地方，把下面问题的答案按顺序写下来。

注意一定要用笔写下来。用笔写的过程是强迫我们的大脑进行“慢思考”的过程。慢思考的好处在于可以更理智、更全面、更切实际地思考，而不是用“快思考”胡乱想想了事。在这种以“用笔回答问题”为主要方式的慢思考过程中，你会发现自己对目标的理解程度加深了，同时行动的欲望也被调动起来了。

这几个问题如下。

- 现在就开始行动的好处是什么？
- 把这件事留到以后再做的弊端是什么？
- 现在你不想做这件事的借口 / 理由是什么？
- 现在就开始行动可以给你带来什么回报？
- 如果现在就行动，你失去的只是什么？

把目标写下来的确具有神奇的激励作用：20 世纪 50 年代，一些心理学研究者问哈佛大学毕业生，他们的目标是什么。这些年轻人中大多数人已经有了自己的目标，但只有 3% 的毕业生真正用笔写下了他们的目标。结果 30 年后的追踪研究发现，这 3% 的人拥有的财富是其他 97% 的人的财富的总和。它确实是“写下来你就可以实现它”的一个佐证。

心理学家迪莉娅•乔菲（Delia Cioffi）与兰迪•加纳（Randy Garner）也一起做过一项针对大学生的调研，询问他们是否愿意当志愿者，为当地学校普及疾病知识。研究者要求一半的学生在一张表格上签字，表明自己愿意参加这项活动，而只让另一半学生阅读这张表格，然后口头承诺自己愿意参加。

几天后他们发现，签过字的大学生在志愿活动中的出席率是另一组大学生的 3 倍。“3 倍”意味着非常显著的质的差异。可见，写下目标、写下面对拖延症时我们内心的思考和顾虑，真的对我们有特殊的影响力，因为它让我们的想法更加真实，而不仅是在头脑中一闪而过。这让我们的大脑不可以轻易地对这些想法和目标置之不理。

写的过程也是你不断深入思考、强化目标的过程。所以请相信白纸黑字的力量，现在就开始行动吧。

## 2.5 本课小结

第 2 课给大家讲了各种与目标意义感相关的工具。

用价值模块排序把目标意义感变得具体、清晰。

六大价值模块

| 六大价值模块 | |
|---|---|
| 家庭模块 | 在家庭关系、亲情、爱情等方面的追求，包括想找怎样的伴侣、建立什么样的家庭等 |
| 健康模块 | 对个人健康的追求，包括在饮食、运动、体形、睡眠等方面想达到的理想状态 |
| 工作模块 | 在工作、事业等方面发展的追求，包括未来想在怎么样的范围内建立什么样的领导力、影响力，进行怎样的价值引导等 |
| 成长模块 | 对个人成长的追求，包括想让能力达到什么状态，自我实现和精神层面的提升要达到什么程度等 |
| 友情模块 | 亲密关系之外的情感联结，比如看重的友谊、与他人的关系模式等 |
| 兴趣模块 | 纵观一生想要发展的个人兴趣，能带来愉悦和满足的一些爱好等 |

借助价值－行为解锁图审视自己的精力分配。从以上六个模块出发，我们可以借助价值－行为解锁图审视自己的精力分配，看看它是不是自己真正希望的，并继续继续利用价值－行为解锁图，把对六大模块的价值排序以及以它为基础的精力分配，具体化到每天的行动中。

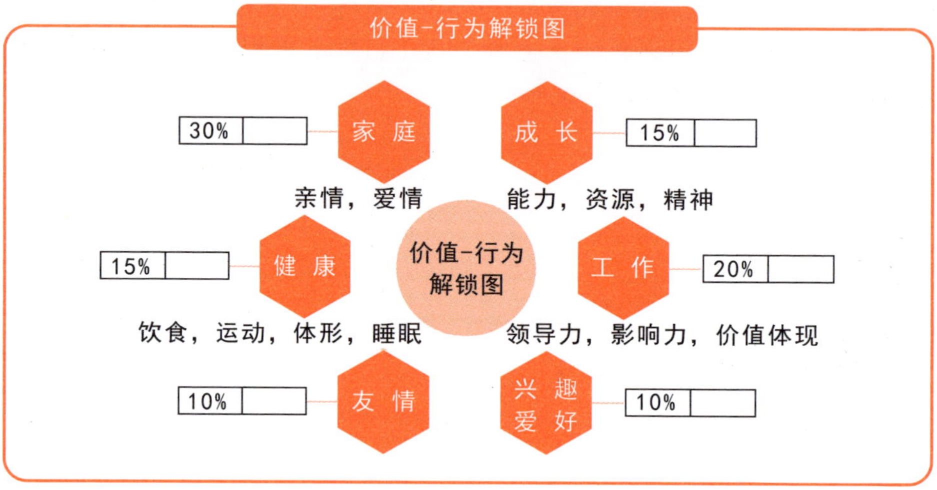


最终要把自己的精力分配，落地为一个个具体的行动目标，这需要你用高精力目标五维度来衡量你的目标，并持续使用具象化可执行意图表来优化目标，让它给你带来动力，帮你节约精力。

**高精力目标五维度**

| 高精力目标五维度 | | |
|---|---|---|
| | 具体性 | 目标需要被具体描述 |
| | 可衡量 | 目标可以转化为量化指标 |
| | 时限性 | 目标必须有截止期限 |
| | 挑战性 | 目标要切合实际，也要有一定难度 |
| | 正向性 | 目标需要用积极词汇进行描述 |

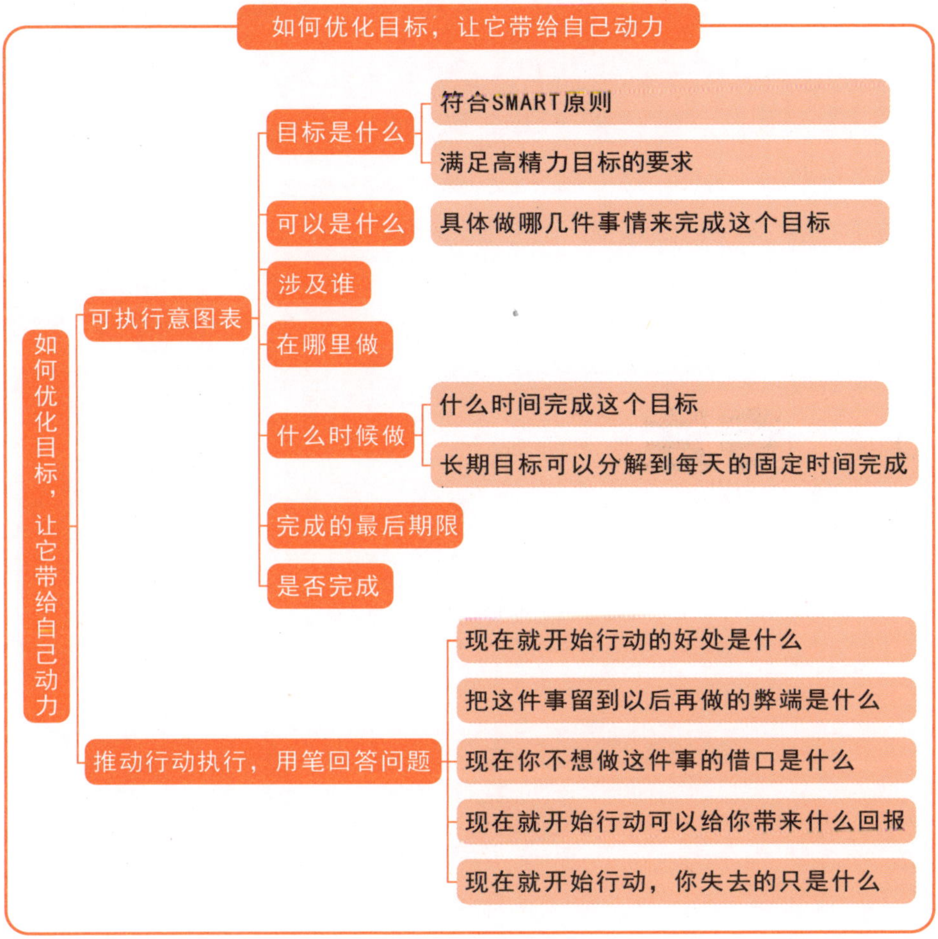
如何优化目标，让它带给自己动力
如何优化目标，让它带给自己动力
可执行意图表
目标是什么
符合SMART原则
满足高精力目标的要求
可以是什么
具体做哪几件事情来完成这个目标
涉及谁
在哪里做
什么时候做
什么时间完成这个目标
长期目标可以分解到每天的固定时间完成
完成的最后期限
是否完成
推动行动执行，用笔回答问题
现在就开始行动的好处是什么
把这件事留到以后再做的弊端是什么
现在你不想做这件事的借口是什么
现在就开始行动可以给你带来什么回报
现在就开始行动，你失去的只是什么

# 3 专注

## 全情投入，让你真正做到有效率

在第 2 课里，我们围绕精力能量四大来源中的目标意义感（也就是意志的能量），学习了如何从目标入手，去更多地汲取能量，更合理地分配自己的精力。

从本课开始，我们要进入专注力部分。专注力是精力能量非常重要的来源。只有做到专注和全情投入，你才可以真正地提高效率，并提升你对当下进行的所有事情的掌控感，形成良性的精力循环。

进行专注力管理的目标，就是为了达到“全情投入的状态”，使用“专注控制因素检核表”来帮助你快速剔除干扰，进入专注状态。此外，在快速进入之后，如何维持专注状态也非常重要，本课将要介绍的思维意志力的修炼方法，可以帮助你很好地提升大脑效率，减少决策消耗，从而更轻松地维持对重要工作的专注。最后，我还会为大家介绍帕金森定律和对应的事件边界制定法，帮助大家养成高效、专注应对任何事情的习惯。

# 3.1

# 如何快速进入专注状态

在第一节里，你会学到：

为什么进行精力管理需要关注专注力；要从外部和内部提升自己的专注力，我们可以抓住哪些控制因素。

## 进行精力管理，为什么需要特别关注专注力

我们来看一个案例，以理解精力管理和专注力的关系。

我有两个下属，她们的工作风格在年轻人中特别有代表性。

Dona 是个急性子，喜欢同时做好几件事，也就是我们经常说的“多任务处理”。她的电脑经常同时开着多个文件，如 PPT、Excel、Word、公司邮箱、私人邮箱。感觉她在公司一上午，做事特别“高效”，一会儿接电话，一会儿去找其他同事，一会儿写项目 A 的计划，一会儿补充项目 B 的执行报告，节奏特别快。

Sellina 似乎是个慢性子，她做事情仿佛总是一件一件从容地做。有时候，我会看到她打开项目 M 的计划书，在那儿一研究就是一个多小时；有时候，

我会看到她专心地做项目N的幻灯片，手机面朝下静音放在桌子上，座机来了电话，她也是轻轻地一句“不好意思哦，我这会儿正在忙一个项目的方案，一个小时之后回复你可以吗”，然后商量好时间就挂掉了，不做长时间的电话沟通。

实际上，领导给两个人的工作总量是差不多的。结果怎么样呢？Sellina做出来的方案总是考虑周全，没有错误，并且她从未将任何一件事拖到最后期限之后完成，工作上的轻重缓急也分得特别清楚。她面对自己的工作显得很从容，整个人的状态也很好。

而Dona好像做了很多事，但哪件事都做得不是那么完美，方案会有错误不说，她还时不时把工作拖到最后期限之后，工作状态显得又急又乱。Dona也很委屈：“我计划书写到一半，就有电话打过来，对方特别急，我一通电话聊完，又忘记刚才怎么想的了，还得重新来。除此之外，还总是有邮件发过来，需要处理。我感觉自己又忙又累，工作怎么也做不完。”

故事讲到这里，大家应该已经看得很清楚了。她们俩的区别在哪里呢？是的，她们的区别就在于做事情的专注程度截然不同。

## 专注可以避免来回切换任务带来的无谓精力消耗

所谓的多任务处理也许会使别人觉得你一直在忙活，你自己也会有一种自己“特别高效”的错觉。实际上，**同时处理多件需要专心做的任务，会导致注意力在不同的任务之间频繁地来回切换，大脑在这种状态下很容易疲劳，也容易出错。**频繁地使注意力在不同任务间切换，一两个小时后，你的精气神就会被耗光。

盲目的多任务处理并不代表高效。只有当一件任务已经进入大脑的潜意识自动化程序的时候，多任务处理才能提升你的效率。比如一边跑步一边听音频课，或者一边打扫卫生一边听英文，这里的跑步和打扫卫生已成为自动化程序了，不需要消耗你的注意力资源。

从本质上说，同一时间，我们是只能高度投入一件任务的。保持专注可以提升你的精力使用效率，让你的精力不会因为注意力不断来回切换而被无端消耗，从而使你可以专注于高质量地处理手头的事情。完成日常工作的最高效的方法就是固定在某个时间段心无旁骛地工作，完成这一件，接着进入下一件。使用这种方法完成工作，你的精力使用效率会比尝试同时做几件事高很多。

管理注意力、让自己更专注并不是一件容易的事，需要依靠一系列的习惯和技巧。在这节课里，我会先告诉你如何从影响注意力的外部和内部控制因素入手，建立一些积极的习惯；然后我会教给你几个提升专注力的核心方法和技巧，帮助你掌控注意力，改善精力状态。

## 提升专注力，要调节影响注意力的外部控制因素

调节外部控制因素包括调节信息环境和营造场景仪式感。

首先，你需要调节工作的信息环境，减少工作时可能受到的信息干扰。

你需要控制好你的电子设备和其他高科技产品。尝试关掉邮件接收提醒以及会让你分心的其他消息提醒。这样会迫使你把更多精力放在你想要完成的工作或任务上。尽可能开启你手机的静音模式，或者将其放在你的视线之外。

调整你工作的物理环境也很重要。在你与其他人之间设置一定的“界限”，尤其是在开放式办公环境中。比如，当你集中精力做一件事情的时候，你可以使用耳机或者贴一张“请勿打扰”的纸条。如果这样不管用，你可以暂时去有独立空间的会议室或其他楼层办公。如果情况确实很糟糕，那么你可以试着与同事一起倡议将某天设为“勿打扰日”，专门做需要集中精力做的事情。

其次，你可以营造场景仪式感，让一些固定工作场景带你快速进入心流状态。

比如，在自己伏案工作的写字台前放一盏“专注射灯”，这样你读

书或写方案时更容易专心：当你坐到桌前时，打开射灯，你会立刻产生一种即将进入状态的感觉。你还可以将自己写字台和公司工作台的陈设固定下来，每次用完都把桌面收拾成固定的样子，这样下次一坐到桌前，你就会自动开启“预备心流”程序。

又比如，你可以设置固定的“进入专注状态”程序，用这种固定的程序帮助大脑建立条件反射，一旦进入这种固定程序，就自然而然地开始为专注工作做准备。

我自己常用的就是“专注水”程序。

什么意思呢？我一般会在开始高效和专注地完成一项任务之前，坐在桌前缓慢地饮一杯柠檬蜂蜜水（你也可以喝一杯咖啡、一杯冰巧克力，看你的喜好），喝完这杯饮料，我在大脑和心理层面也就做好了进入专注状态的准备。久而久之，每次用这样的节奏喝水，我就感觉自己要开始专心工作了，因为我已经建立起了一种心理暗示和条件反射。

哪怕我正在乘飞机出行，只要我向空姐要来一杯冰水/冰果汁/冰可乐，缓慢地喝完，就可以在飞机飞行的2~3个小时内对着我的工作电脑专心写作。下飞机的时候，我会有一种充分利用了时间、发挥了精力的成就感满满的感觉。要知道，我对很多咨询案例的分析、复盘，以及我的一些在线课程，都是用这种方法在飞机、火车上完成的。

你具体用什么固定场景来建立仪式感并不重要，重要的是你能轻松营造这一场景，然后坚持用这一场景激发你的专注力，使其变成你的习惯。有的学员用“正襟危坐后缓慢地喝完一杯咖啡”来帮助自己进入专注状态，有的学员用“疯狂地玩20分钟游戏”来帮助自己为进入专注状态做准备，有的则用“听一段最喜欢的钢琴曲”来帮助自己进入。

不管什么方式，核心都是让自己的大脑建立一种对“准备进入专注状态”的条件反射。

## 提升专注力，还要调节影响注意力的内部控制因素

要想做到专注，消除外部环境的影响只是一方面，我们还需要控制自己专注工作过程中大脑中不断冒出的想法和念头，以及那些干扰我们专注工作的情绪和行为。因为这些是由我们每个个体决定的，所以被称为影响专注力的内部控制因素。

在想法控制方面，可以用“写下来”的方式清理思绪。

人的想法总是飘忽不定、天马行空，那些琐碎的自我提醒，偶尔闪现的创意，忽然进入大脑的一个未回复的电话，都是我们大脑潜意识里的“精神唠叨”，或者叫“杂念”，它的特点就是没完没了。据统计，人的大脑每秒有 1000 比特的各种信息闪过。你越是想专注工作，越容易被“杂念”烦扰。

我们需要训练自己的注意力，当它偏离方向的时候，也就是“精神唠叨”或“杂念”出现的时候，把它拉回正确的轨道。如果有一些琐碎但重要的思绪打扰了你手头的工作，那就把它们迅速记在笔记本上，告诉自己稍后处理。

用笔写下来是将琐碎的思绪从大脑中清理出去的一个非常好的方法。相信我，写下来之后，这个想法就不会萦绕在你脑子里了，你就可以继续专注于自己该做的事，等完成之后再来集中处理这些想法。

在情绪控制方面，同样也用“写出来”的方法将干扰自己专注的情绪事件先列出来，等完成手头工作之后再来处理。

在行为控制方面，练习一次只做一件事，并设立“集中处理协调时间”。

当你的电子设备不在手边，你也贴了“请勿打扰”的标签的时候，就专注于做一件事情吧。电脑只打开一个窗口，然后全力以赴于你要完成的任务，直到全部做完或取得阶段性成果。在你专注做事的过程中，

肯定会有一些被你屏蔽，但仍然需要处理的信息和琐事，对于它们，你可以设立一个“集中处理协调时间”来集中处理。

比如，在专心工作了1~2个小时之后，你可以给自己留30分钟的“余闲”，专门用来回电话、进行微信沟通、处理笔记本上记的琐事和之前一闪而过的想法，等等。在30分钟的“集中处理协调时间”结束后，再次进入下一个“专注时段”。用这种“专注”和“余闲”交替、配合的方法，能高效利用你的精力脉冲，还不耽误任何事情。

以上就是我总结的影响专注力的内外部控制因素以及相应的调节方法。为了帮助你在行动中发现这些因素，并做出正确的应对，在这里，我把这些因素和相应的调节方法，做成了一张“专注控制因素检核表”（见表3-1），你可以把它打印出来，贴在自己的办公桌前，每次需要专注做事的时候，就检查一下自己有没有对这些影响你专注的因素进行合理的控制。

**表3-1　专注控制因素检核表**

| 控制因素 | | 调节方法 | 是否完成 |
|---|---|---|---|
| 外部 | 信息环境 | 1. 手机开静音或者放在视线外 | |
| | | 2. 电脑尽量只开一个窗口，关掉邮件提醒 | |
| | | 3. 使用耳机或者贴一张“请勿打扰”的纸条 | |
| | | 4. 如有必要，找一个自己可以不被打扰的地方完成任务 | |
| | 场景仪式感 | 5. 利用固定程序引导自己迅速进入专注状态，比如“专注射灯”或者“专注水” | |
| 内部 | 想法 | 6. 如果有思绪干扰你做事，用笔把它写下来 | |
| | 行为 | 7. 设立“集中处理协调时间”，用来回电话、进行微信沟通、处理笔记本记下来的琐事和之前一闪而过的想法 | |

注：在专注工作前，对照上表检查，你是否完成了针对不同控制因素的调节，在完成的项目后面打钩。

显然，我们每天都会遇到会让自己分心的事。但是当你意识到自己什么时候容易分心，并且开始通过上述习惯的养成去调控外部环境和自身状态时，你就会改变自己的生活和工作状态，把精力放在真正重要的事情上面，把工作快速、高效地完成。这会给你成就感，久而久之，你会感觉自己越来越善于精力和时间分配，处理事情、完成工作也越来越得心应手，件件事情都处理得很完备，并且永远都在向着自己的目标前进。

## 如果你是“手机焦虑一族”，你该怎么办

学员小 Q 是个勤奋上进的员工。他的工作需要经常处理手机信息，平时完全离不开手机。但是他又觉得手机很大程度上干扰了他的生活秩序，使他花费了过多的时间看手机，特别是回复微信，无法聚焦在对自己更重要的事情上。不管是阅读资讯，还是看视频，或者收信息、回信息，都令他很忙碌，他感觉这种忙碌并没有给他的工作、生活带来积极影响，反而让他更容易焦虑：离开手机也焦虑，手机用多了也会因为感到自己“浪费了时间”而焦虑。

的确，现代社会中，手机和微信已经是必不可少的交流和工作工具，如何避免手机和微信对自己工作的打扰呢？结合前面讲的关于内外部控制因素的调节，我再给大家介绍一个“手机时间分类方法”，帮助你彻底地改变与手机的关系：更好地利用它，同时更好地避免它的干扰。

这一方法的关键是学会给时间分类，在“特定的时间段”做“特定的事”。

你可以把用手机的时间明确分为 3 类。

第一类，飞行专注时间。就像你在坐飞机的那几个小时确实无法接收信息、接打电话一样，你可以特意为自己设定“飞行时间”。在这个时间段内，你必须彻底不看手机，手机可以静音、扣放或者关闭邮件提醒，专注地做那些重要的、最好不被打扰的事情。你需要根据自己的工作性质和作息习惯，每天安排 1~2 小时的适合自己的“飞行时间”（比如，退出电脑微信程序），这也是你的专注时间。这段时间你可以用来重点处理那些重要但不紧急的事情。上班时抽出 1~1.5 小时，将

微信设定为“勿扰模式”试试。相信我，大概率不会发生什么事情，紧急到你必须立刻处理。

第二类，集中协调时间。飞行专注时间结束后，休息一会儿，然后拿起手机，在 15 分钟之内迅速检查一下有没有收到一些重要的信息，这个集中处理收到的信息的时间就是集中协调时间。在这段时间里，你可以更加集中和专注地接收和处理信息，给出必要的回复，减少焦虑。

处理信息时，你可以很友好地回复一句“刚才在开会（或我刚才在专心做一个项目计划），抱歉刚看到”。这样可以使别人对与你沟通产生某种心理预期，知道你有自己的时间安排，但是绝对会在忙完手头的事情之后给回复的。

第三类，他人合作时间。微信确实是工作、生活中的重要工具，已经成为我们每个人的一部分。有些重要的事情，比如需要即时反馈的在线会议等，需要你使用微信参与。这段时间就是你的“他人合作时间”。

对于这类时间，需要注意两点，一是控制时长，二是利用一些技巧让会议、沟通更有效率。

如果你把以上 3 种时间安排好了，并且在你白天上班期间，这几种时间可以交替进行，那么你就不会再因为白天把时间花在微信上而频频被打扰，夜深人静时却发现工作还没做，倍感焦虑了。

## 注意点

心流状态是精力管理的关键，专注力是可以培养的。当你的体能、情绪、专注力、目标意义感四者合一，给你带来“全情投入”的力量时，你是最高效也最有掌控感的。

专注控制因素检核表中的控制因素不是固定不变的，可以根据自己的情况添加或删减。关键是你要识别出对自己最重要的控制因素，然后有意识地进行改变。

你也可以反过来，通过“刻意创造能使自己专注的环境”来提升专注力。比如我刚工作那段时间会选择在嘈杂的咖啡厅看书，上次坚持了

40 分钟，那么这次只要我能坚持看 1 小时，我就认为自己有改善了。这是一种“刻意练习”。事实证明这种练习对我有好处，我现在已经可以旁若无人地在嘈杂的环境中看很长时间的书也不感觉疲惫了。当然，这种方法不适用于每个人，大家还是要根据自己的耐受力酌情练习。

# 3.2 怎样维持更长时间的专注

在上一节中，我讲了怎么调节专注的内外部控制因素，让你更快地进入专注状态。解决了快速进入状态的问题，紧接着，另一个问题来了：为什么有的人可以比其他人维持更长时间的专注呢？这一节我们就来解决这个问题。这一节的内容围绕一个新的概念——思维意志力展开，使你了解它对你维持专注有什么影响，以及你具体可以怎样锻炼、提升思维意志力。

## 什么是思维意志力

在介绍这个概念之前，我想先请你先回顾一下自己平常的状态。你是不是：

- 有时候稍微专注地思考一些深入的问题，没几分钟就感觉很累，浏览起朋友圈、抖音来却“流连忘返”“陷入心流”“无法自拔”；但有的时候会感觉才思如泉涌，可以持续地思考、输出，你认为自己这只是“灵感突然来了”。
- 有时候，和同事一起开会，你可以侃侃而谈，频频贡献好主意；有时候开会你却懒得说话，总是走神。

同样是你，为什么不同的时候你的表现有这么大的差别呢？其实，主要是你的“思维意志力”这块思维“肌肉”的能量状态捣的鬼。

思维意志力是与我们的大脑专注工作的能力非常相关的一大块思维“肌肉”，它就像你的背部肌群支撑着你的身体一样，支撑着你的思考。

人脑在某种程度上和电脑一样，思维意志力可以理解为你的思维CPU，也就是你大脑的中央处理器，即大脑的运算核心和控制核心，它的强大程度直接决定了大脑处理问题／运行程序的能力。

而且，已经有心理学研究表明，思维意志力是一种生理机能。它的性能就好像人的肌肉一样，它具有肌肉的两大特征：

- 每次使用都需要消耗能量，而且用多了会感到疲惫。
- 可以通过训练将这块肌肉变粗、变强，让你的专注力得到提升。

思维意志力和你的时间与金钱一样，是一种很有限的排他性的资源，你要用在这里，就不能用在那里。

思维意志力与你的精力水平密切相关。任何人在思维意志力欠缺的时候，都会感到疲惫不堪、精力不济。

## 思维意志力有两大影响因素

那我们要怎么提升思维意志力呢？想要知道怎么做，你首先要了解哪些因素会对它产生影响。思维意志力有两个值得注意的重要的影响因素。

（1）血糖水平。

第一个因素是血糖水平。你在饥饿状态下会相对急躁，没有耐心，考虑问题不周全。

研究表明，持久的饥饿和低血糖状态会削弱人们的思维意志力。思维意志力有赖于大脑，而大脑是全身最需要糖的器官。大脑处在持续的工作中，能耗极大。所以大脑是全身最依赖葡萄糖的器官，大脑只占人体重的 2%，却消耗了全身 20% 的糖。

什么样的血糖水平有利于提升思维意志力、保持专注呢？两个关键词：足够与稳定。

首先，保持足够的血糖水平。低血糖严重时，别说维持专注了，人甚至会晕厥，这就是大脑供能不足、暂时罢工的表现。我们需要糖给大脑供能，这是人类与生俱来的本能需求。

其次，大脑需要稳定的血糖水平，忽高忽低可不行。为什么要强调稳定呢？原因很简单：大脑处在持续的工作中。它不像我们的身体，大量运动的时候，需要的能量就多一点，在沙发上“葛优瘫”的时候，需要的能量就少一点。大脑不一样，大脑的潜意识一直在工作。哪怕在你睡着的时候，大脑也没有完全歇着。所以它需要血糖水平保持相对稳定，让它总是可以运转。

（2）思维意志力的运转方式。

影响思维意志力的第二个因素是它的运转方式，也就是你使用思维意志力的方法。

前面我们讲到，思维意志力和你的时间与金钱一样，是一种很有限的排他性的资源，你要用在这里，就不能用在那里。就像同样一笔钱，你要是做了投资，就不能进行消费一样，如果你在一件事上用了过多的思维意志力，可能就没有那么多思维意志力可以用在另一件事上了。

比如，如果一个人在工作中用到了很多思维意志力，那回到家里，他就很难再轻易地控制自己。双职工家庭中承受着不小压力的夫妻，回家后经常因为小孩的一点小事情吵架，就是因为他们懒得再控制自己的情绪了。换句话说，他们没有足够的思维意志力让他们保持理智和冷静了。反之，如果他们可以早一点下班，在工作与家庭生活之间能有一些不需要耗费脑力和思维意志力的“余闲”，那么他们相处的时间虽然增加了，却更不容易发生争吵。

常见的误区是，人们往往会在非常简单的事情上使用思维意志力，却懒于思考复杂的事情。比如，人们可能会花过多的心思思考午饭吃什么、今天穿什么等简单的事情，对一些大事情，比如这个项目该不该拿下、这份工作要不要接受、如何与老板进行关键对话等，却无法进行深入的思考。

可是因为思维意志力的有限性，当你在小事上纠缠、消耗过多时，遇到大事你可能会束手无策，无从进行思考和分析，从而习惯性地逃避。

这是有心理学研究根据的：科学家的重要发现是，总是不停地做选择会特别消耗思维意志力，哪怕你选择的只是今天中午吃什么，吃中餐还是西餐、泰国菜还是日料，或者只是今天上班穿什么。决策和选择的过程，不论大小，对人的思维意志力而言都是一种消耗。

一个有名的心理学实验——“冰水实验”是这样操作的：

两组受试者都要面对很多礼物，但只能带走其中一个。

第一组受试者不断地被实验人员问需要他们做选择的问题——你是要铅笔还是蜡烛？如果要蜡烛的话，你是要这种蜡烛还是那种蜡烛？你是要蜡烛还是要T恤衫？要T恤衫的话，你是要红色的还是蓝色的？……他们需要不停地做选择。

第二组受试者也要被问问题，但不是选择性的问题，而是要对每个物品进行评估。比如，实验人员会问他们这个物品对他们来说价值大不大，等等。两组接受询问所用的时间一样长。

选定礼物之后，两组受试者需要在另一个房间里进行自控力测试：把手放到冰水中，看他们能坚持多长时间。

结果是，需要做很多选择的第一组受试者坚持的时间普遍比第二组受试者短。

其实，现实中，商家非常善于应用这个关于“决策疲劳”的理论。

比如，你在买新车的时候，通常可以选择是否升级很多不同的配置。聪明的销售人员总是先让你考虑是否要升级一些费用较低的配置，等你连续决策到累了的时候，再向你介绍价格较贵或者根本没必要升级的一些配置。而这时候，你的思维意志力已经被消耗得差不多了，几乎没办法对抗这样的推荐了。你会做一个你以为理智其实欠缺思考的选择。

但是反过来想，思维意志力作为一种生理机能和循环往复的资源，如果能得到合理的支配，就可以发挥出最大的效用。

## 如何提升你的思维意志力

了解了以上两个影响思维意志力的因素，那要怎么做才能提升思维意志力，以帮助自己维持专注和高精力状态呢？

（1）养成科学饮食习惯，保持足够和稳定的血糖水平。如果你要保持专注状态，高效做事，平时就需要通过调节饮食来保持足够和稳定的血糖水平。具体来说就是：

- 一是不要过度饥饿，在感到饿的时候及时补充能量，不要让自己处于饥饿的状态，导致血糖供应不足。
- 二是少食多餐，避免集中饮食、暴饮暴食，让血糖供应忽高忽低。
- 三是关注食物的质量，少吃米面、糖果、含糖高的水果等糖分容易被身体迅速转化为血糖的食物，多吃鱼、蛋、奶、豆类、蔬菜等能够平稳、缓慢地将糖分转化为血糖的食物。

关于什么样的饮食习惯有利于提升精力水平，我会在第5课关于体能的部分做更详细的叙述。

（2）创造“余闲”。你可以在工作间歇专门创造“余闲”来恢复你的思维意志力。

肌肉用久了就会疲劳，产生过多的乳酸，让你不舒服，无法继续使用这块肌肉。思维意志力也是这样，当你感到自己对小事略有不耐烦的时候，你的思维“肌肉”的“乳酸”含量其实就过高了，你需要停下来缓解一下，让思维“乳酸”分解掉，从而恢复你的思维“肌肉”的能量。

比如，你可以在专注工作的过程中主动切换大脑的不同区块来使用，就像在大脑中换电视频道一样，或者每专注45分钟至1小时，就采用“放空大脑”的方式休息一下，给自己的思维“肌肉”一些恢复的时间。

（3）减少对琐事的纠缠。提升思维意志力要尽量减少自己在工作与生活中对小事的纠缠，不要让琐碎的小事消耗你的思维意志力。

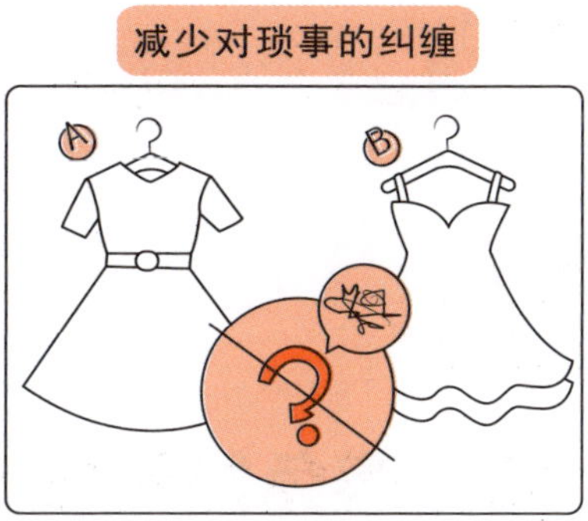


经常因为琐碎的小事而纠结，不停地做选择、做决策的人，容易在大事来临的时候缺乏思维意志力和判断力。

有很多在工作中表现出了很强的思维意志力的人，在生活中会尽量减少选择，以保留自己的思维意志力能量。

日本著名管理学家、经济评论家大前研一在自己的书中提到过，周围环境、个人穿着、使用的物品等尽量保持恒定，有利于迅速切入状态，进行与工作相关的重要决策。比如，他经常穿同一品牌、同一款式的衬衫、西装、鞋子，并对不同场合下穿什么衣服有特定的规则，这样一来，他在进入任何需要准备的场合之前都不需要花太多精力思考，只需要按照惯性穿衣，这样就最大限度地减少了决策，也最大限度地保留了思维意志力资源。

其实，我们每天很大一部分的精力都是在各种琐事上被无端消耗了的。所以，减少思维意志力在琐事上的无谓消耗，对于提高我们的精力水平非常重要。

关于这个话题，我会在下一节中具体展开，向你介绍一套具体的方法来科学控制在琐事上的无谓消耗，让你以更饱满的状态投入更重要的事情。

注意点

提升思维意志力是一个刻意练习的过程，不能一蹴而就。你需要时刻提醒自己，不必在小事上消耗思维意志力，并养成在大事上量化决策的习惯。

思维意志力的改善也与饮食习惯相关。我们会在本书第 5 课中介绍。

# 3.3 如何避免能量被无谓地浪费

在上一节中，我讲到，纠缠于琐事会消耗我们每天很大一部分精力，导致精力被无端浪费。这一节将教给你一套“决策消耗三步控制法”，它能帮助你控制自己在琐事上的精力消耗，让你把好钢用在刀刃上，从而更加高效地处理重要事务。

## 什么是决策消耗

做决策的过程会动用你的感知觉、记忆、思维等认知能力。这个过程会造成精力的消耗，这就是我们所说的“决策消耗”。上一节中讲到，心理学实验证明，总是让一个人做选择，他的思维意志力会消耗得特别快。也就是说，不停地做选择，会产生很大的决策消耗。

尤其是如果人们在小事上消耗了精力，就无法专心思考大事了。比如，上一节提到，人们往往会花过多的心思思考午饭吃什么、今天穿什么；对一些大事情，比如这个项目该不该拿下、这份工作要不要接受、如何与老板进行关键对话等，却无法进行深入的思考。

不管选择是大是小，你做选择的频率越高，就会越快产生疲劳、精力不济的感觉。

所以，学会做科学决策，减少决策对自己思维意志力的消耗，是保有高精力水平的一个关键点。那么具体应该怎么操作呢？

## 3 个步骤，有效控制决策消耗

在这里，我要教你一个“决策消耗三步控制法”，通过 3 个步骤来有效管控自己的决策消耗，避免在琐事上过多地消耗精力。

步骤一：觉察，找出自己每天有哪些决策消耗性事件。

前文说过，凡是需要我们做选择的事，都会使我们产生决策消耗。这里说的决策消耗性事件，指的是那些让你花了比较多的时间反复做、考虑、进行选择的事情。要控制每天的决策消耗，你首先要做的就是找出自己一天中的这种决策消耗性事件。每一个消耗性事件，都会快速消耗你的思维意志力和精力。

为了帮助你更容易地找到它们，这里我描述了几种决策消耗性事件的典型表现，你可以对照这些表现，看看你做的哪些事情是决策消耗性事件。

- 让你犹豫不决、顾虑重重的选择。
- 让你习惯性地反复询问别人意见的事。
- 不分时段，不分场景，反复思考某件事。
- 在一件事上既想实现这个，又想实现那个，甚至演变成焦虑情绪。

步骤二：区分，分清大事和小事。

产生过度决策消耗的一个很重要的原因，是你区分不了大事和小事、重要的事和不重要的事，在所有的事上都花同样的力气。

所以，找出决策消耗性事件之后，你就需要对这些事情进行区分，看看对你来说哪些是大事、哪些是小事。

什么样的事算大事？

一切与个人选择、方向、长期发展有关的事，都可以算大事，比如生活方式、伴侣选择、学习提升、职业发展等。

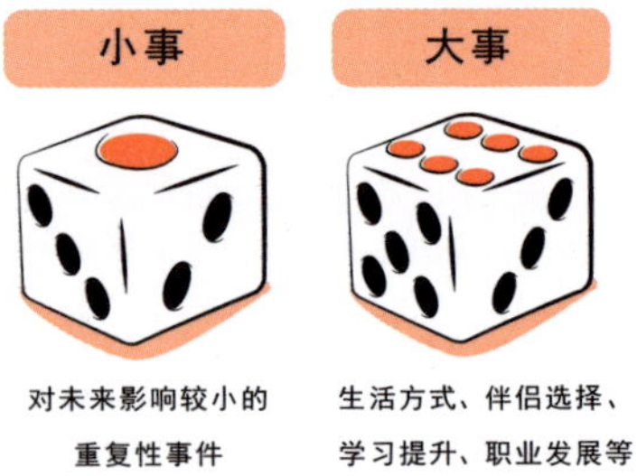


这些事可以用科学的方法进行量化决策，因为实际上你内心的价值观和做选择时看重的维度是确定的，你需要的只是量化；在进行量化之前，你的思维是模糊、笼统的。

那怎么定义小事呢？

这个因人而异。我通常将生活中的很多小细节定义为小事。比如，我觉得工作日的午饭是件小事，所以我不会在这件事上纠结，我不会从中午 11 点就开始琢磨今天中午吃什么，甚至一边工作一边和同事有一搭没一搭地商量，上网搜索等，我会等饭点到了，直接在 5 分钟内做决定，然后就去操作。

还有很多事你可以定义为小事，比如吃穿打扮、环境安排等。当然，如果你是一个美食家，特别爱吃、一定要吃好，吃饭对你来说是头等大事，那么你在吃饭这件事上进行反复的对比、选择、琢磨，也是可以理解的；这个过程虽然也消耗一定的精力，但是给你带来的积极情绪更多，你可以把它定义为“大事”。总之，小事是发生频率比较高的，经常只有一次性的效果的，对未来影响比较小的，相对琐碎的事情。

步骤三：策略，用不同的策略应对不同的事。

在区分好大事和小事之后，我们要对不同的事采取不同的决策策略，总体原则是：

- 针对小事，采取固定的、简化选择标准的策略。
- 针对大事，采取固定的、量化的决策平衡清单策略。

## 针对小事件采取固定的、简化选择标准的策略

还是以我们在工作日的午饭举例。对于这类小事，我会在内心确认

好简化的选择标准，也就是简化的选择原则，然后每次做选择时都采用这个原则，简单高效。

我选择工作日午餐的 3 个原则是：

（1）营养。

（2）卫生。

（3）方便省时。

其他的我一般不会考虑。我不纠结于午餐一定要吃得多丰盛，也不纠结于一定要吃什么口味，只希望能快速完成这件事，然后投入工作或者学习。

如果是和朋友聚会的情况怎么办？我同样会考虑 3 点：

（1）营养，我们尽量不去吃没有营养的垃圾食品。

（2）方便省时，尽量选择对大家都方便的地段 / 时间。

（3）链接赋能，能不能从小伙伴身上获得有价值的东西。吃饭毕竟是形式，大家能交换资源是最好的。

至于其他的因素，我就不考虑了。这就最大限度地减少了我在这类事情上消耗的精力。可是，很多人每天中午真的会不断地为吃什么商量半小时甚至一小时之久，然后下午上班遇到重要的工作任务时，简单考虑一会儿就感觉很疲惫了，更懒得深入思考。这就是因为他们的思维意志力已经被午饭时间的各种没有必要的纠结和选择消耗掉了。

## 针对大事件采取固定的、量化的决策平衡清单策略

决策平衡清单（见表 3-2）是一种量化的决策方法，要求你从你看重的维度，给几种可能的决策打分，根据分数的高低来对比每个决策的优劣。

表 3-2 决策平衡清单（样表）

<table>
<tr><th colspan="2"></th><th>维度 1</th><th>维度 2</th><th>维度 3</th><th>……</th><th>总分</th></tr>
<tr><td colspan="2">权重分(0~10分)</td><td></td><td></td><td></td><td></td><td></td></tr>
<tr><td rowspan="2">选项1</td><td>基本分</td><td></td><td></td><td></td><td></td><td></td></tr>
<tr><td>加权分</td><td></td><td></td><td></td><td></td><td></td></tr>
<tr><td rowspan="2">选项2</td><td>基本分</td><td></td><td></td><td></td><td></td><td></td></tr>
<tr><td>加权分</td><td></td><td></td><td></td><td></td><td></td></tr>
<tr><td colspan="2">……</td><td></td><td></td><td></td><td></td><td></td></tr>
</table>

这个清单具体怎么用呢？我用换工作这件事来举例。

学员小 N 现在有两份工作录取通知书，需要做出选择。

他可以利用决策平衡清单，分 4 步来完成这个决策。

第一步，确定维度。列出在你要做选择的这件事情上，哪些因素是你看重的，会影响你的选择。比如在找工作这件事情上，你主要看重成就感、挑战性、经济收入、离家远近这 4 个因素（维度）。

第二步，给每个维度设定一个权重分。权重分是根据你对这个维度的看重程度（在你心里的重要性和影响力排序）来设置的，最低 0 分，最高 10 分。

第三步，列出可能的选项，并给每个选项在各维度打一个基本分。基本分的范围也是 0~10 分。比如现在你有两个可选的工作机会，你要评估一下这两个机会在之前列出的 4 个维度上对你的吸引力，给出一个分数。

第四步，计算总分。用每个选项在各维度上的基本分，乘以维度的权重分，就是该维度的加权分；然后把同一个选项下各个维度的加权分加起来，就是这个选项的总分，得分最高的选项就是你的选择。

经过这 4 步，在决定要选哪个工作这件事情上，我们就填出了一份完整的决策平衡清单（见表 3-3），要选哪个工作也就一目了然了。

针对大事件做决策平衡清单，背后的逻辑是：

你在做这类选择时考虑的维度其实是固定的，列出来能使你思路更清晰。同时，也通过这个过程将你对每个维度的看重程度进行量化，算出的分数会使结果更明确。

遇到类似的任何大事，你都可以直接把决策平衡清单拿出来，进行量化、打分，做出选择。

这个方法让你在量化思考的同时更能区分重点。坚持用这个方法对大事件进行决策，你做决策的速度会加快。而如果每次你都模模糊糊地反复考虑这一点、那一点，无法做出清晰的选择，那你的思考将永远是笼统、模糊的，也会没完没了地消耗精力。

**表 3-3 决策平衡清单**

| | | 维度 1：成就感 | 维度 2：挑战性 | 维度 3：经济收入 | 维度 4：离家远近 | 总分 |
|---|---|---|---|---|---|---|
| 权重分(0~10分) | | 9 | 7 | 7 | 5 | |
| 选项1：工作1 | 基本分 | 8 | 4 | 8 | 4 | |
| | 加权分 | 72 | 28 | 56 | 20 | 176 |
| 选项2：工作2 | 基本分 | 5 | 7 | 6 | 7 | |
| | 加权分 | 45 | 49 | 42 | 35 | 171 |

以上就是有策略地做决策、减少决策消耗的 3 个步骤。如果你能按照我教你的方法操作，相信你在日常工作与生活中的决策和选择效率会大大提高，从而避免自我消耗，大幅提升精力水平。

**注 意 点**

当你需要做选择时，对大事，你应尽量找一个安静的地方，坐下来使用决策平衡清单进行分析。

在思考不下去的时候，可以考虑“暂缓”，过一段时间再重新审视问题。

对小事，则要尽量避免“以后再说”这样的思维和行动习惯，因为这种重复思考会反复消耗你的精力，所以当下能做决定的一定要马上做决定，做好决定后就不要再思考这件事了。

平时，我们中很多人的工作是靠最后期限驱动的，但是他们没有意识到，这种看似安排明确的工作方式，如果不把最后期限设置得科学合理，其实是低效、被动和浪费精力的。在下一节中，我们会学习一个新的工具——“事件边界制定法”，来帮助你找到一种能更高效地利用精力的做事方式。

# 3.4 让工作效率与业余时间都翻三倍

在这一节中，我要教给你一个与专注力有关的心理学原理以及相应的实践工具——事件边界制定法。掌握这个工具，会帮助你极大地提高精力使用效率，养成高效、专注地处理任何事的习惯。

## 帕金森定律：人天生就只会对最后期限敏感

医学上有个疾病叫“帕金森病”，大家应该听说过。心理学上则有一个“帕金森定律”，这个定律简单理解就是：

人们接受了一个任务，一般不会提前完成，而是总倾向于在最后期限快到时才完成。而你在完成这个任务的时候，花时间的同时也在花精力。

西里尔·诺斯古德·帕金森

帕金森定律是指：人们只会对事件/任务的最后期限敏感，任务会自动占满一个人所有可用的时间，任务总会拖到最后一刻才能完成。

这是由著名的历史学家、政治学家、心理学家西里尔·诺斯古德·帕金森（Cyril Northcote Parkinson）提出的。他在自己所著的《帕金森定律》一书中，用了一个老太太寄明信片的故事来讲解帕金森定律。

他发现，人做一件事所耗费的时间差别很大：

一位闲暇无事的老太太要给侄女寄明信片，她用了一小时找明信片、一小时选择明信片，找侄女的地址又用了30分钟；接下来，她用了一小时写祝词，而决定去寄明信片时是否带雨伞，又用去20分钟。做完这一切，老太太精疲力竭。

而同样的事，一个工作特别忙的人，可能在上班的途中花费5分钟就顺手做了。当然，他的精力就被大大节约了。

如果一个人给自己安排了过分充裕的时间去完成某一项工作，他就会放慢节奏或者增加具体的工作内容，以便用掉所有的时间。这项被变得复杂的工作会显得很重要。在这种时间弹性很大的环境中，人并不会感到轻松，相反，会因为心里时刻惦记着这件事，过程中拖沓、将工作复杂化，从而感到苦闷、劳累，甚至精疲力竭。

比如，你是否会观察到如下案例的情况：

公司投标会前一天，大家都在对标书进行打印、装订、签字、盖章……忙得不可开交，而且几乎每次投标会都是如此。可是按理说，每次投标前都至少有20天的投标准备期，大家之前都做什么了呢？

你也可以回顾一下自己在做事的过程中，是不是经常到了最后期限才把事情完成。

可见，帕金森定律的应用场景非常广泛，它告诉我们：人做一件事情，耗费的时间越长，就会感觉越累。工作会自动占满你所有的时间，如果你给了自己充足的时间去完成某项工作，你一定会不自觉地放慢节奏，直到最后期限才集中精力去完成这项工作。

所以，你会因为拖沓和快到最后期限时的紧迫感而感到劳累，精疲力尽。帕金森定律道出了人的天性，也就是说，你天生就只会对最后期限敏感，容易拖沓。

## 用事件边界制定法帮助自己主动提升效率

那么天性就不可抗拒了吗？不是的。

我从帕金森定律引申出这样一个规则，那就是：你给某件事预设多少时间，你就会花多少时间完成这件事，处理这件事的这段时间，也会消耗你相应的精力。基于这样一个规则，我提出了一个应对帕金森定律的工具，叫作“事件边界制定法”。

所谓事件边界，就是你主动为自己每一天的每一项工作或者生活上的任务限定的完成它的时段起止时间。这是需要从零开始培养的一个习惯。

举个例子，老板给你一项任务，说两天之后完成。“两天之后”是这件事的最后期限。但是其实你稍微逼迫一下自己，这项任务你就可以在两小时内完成。如果你主动给自己设置一个两小时的时间段，比如第二天上午 9~11 点，专门完成这项任务，那么这个时段的起止时间就是你为这件事设置的事件边界。

相对于被最后期限驱动，设置事件边界是一种主动提升效率的行为。

首先，如果你只依靠最后期限来安排工作，那你多半会在最后期限到了时才完成这件事，而在此之前，这件事会一直萦绕在你的思绪里，消耗你的精力。

有了事件边界，因为可用的时间更短，在边界划定的时间里，你会更加专注地去做这件事，别的时间则完全不用考虑它。

其次，在最后期限前完成其实是一种被动接受压力的行为，设置事件边界则是一种主动寻求压力的行为。精力管理的一个观点是，主动寻求合理的压力有利于提升人的效率和精力水平。主动设定事件边界就是寻求合理压力的一种方式。

## 如何使用事件边界制定法，并在边界内保持高效

那我们具体要怎么利用事件边界制定法来提升自己的精力利用效率呢？在这里，我要教给你一套方法，这套方法包括 3 个方面：

（1）不同类型的事件，怎么设定事件边界？

（2）在设定的事件边界内，要怎么做才能保证效率？

（3）当事件超出边界，也就是在设定的时间里事情没有完成，该怎么办？

## 3 类事件的边界设定

说到设定事件边界，我相信很多人首先想到的是一些工作任务。但是我想跟大家说的是：事件边界可以应用到你的生活，甚至你人生中的所有事情上。你可以给工作和生活里的各种事情设定边界，从提高精力水平的角度讲，设定边界是很有必要的。

那具体怎样给不同的事情设定边界呢？我们需要掌握 3 类事件的边界设定方法。

◆ 给你可以独立完成的事件设定边界。

你要选择最后期限之前的一个具体的时间段，让自己优先、提前在这个事件边界内处理你的任务。比如下面的例子：

今天是周二，老板让小 P 写一份报告，说下周一交给他。小 P 没有像以前那样把这件事拖到周末"不得不做"的时候才去做。根据事件边界制定法，小 P 限定了为自己完成这份报告的事件边界。他今天下午 2~4 点可能会有一点空闲时间，于是就限定自己在 2~4 点把这个报告写完。或者，他后天（周三）下午可能有空闲，也可以把这个任务放在周三下午的某个时间段来完成。

总之，通过把这件事"提前"放在"某个固定时长的固定时间段"进行，小 P 高效、专注、及时地完成了这份报告。

◆ 给需要合作完成的事件设定边界。

因为这类事件涉及其他人，所以要尽量先把你完成这件事的目标时长传达给对方。比如，你的朋友打电话来说，她刚跟自己的另一半吵了架，需要找你发泄一下。基于你对她的了解，你非常清楚，这一聊可能就是一两个小时。此时，你可以先告诉对方，你可能只有 15 分钟的时间和她通话。你一开始就把这个目标时长告诉对方，能够激发心理学上的锚定效应，这样，她在后面的谈话里就会不由自主地被你暗示，在心里给自己设下时间限制，尽量在这个时间内完成讲述。时间快到了的时候，你也可以提醒对方时间快到了。

对于本身时间不可控的事情，你则可以让自己在设定的时间里优先完成自己做这件事的主要目标。比如好多朋友聚会是下午 6 点开始吃饭，吃到晚上 10 点，11 点才能到家。其实你可以有意识地给自己设定一个边界，比如说你参加这次聚会的目的是为了跟好久没见面的老朋友聊聊天，联络一下感情，然后链接一下资源。这样，你可以在聚会的前两个小时搞定自己的主要任务，之后其实你就不用在那儿待着了。

◆ 给情绪事件设定边界。

情绪事件是我们设定事件边界的时候经常会忽视的一类事件。给情绪事件设定事件边界是一件比较困难的事情，因为首先你得意识到你处于某种情绪中，然后再设定事件边界。关于情绪的话题，我们会在接下来的一课中专门介绍。在这里，你先建立“情绪事件也需要设立事件边界”这样一个意识就可以了。

为每件事设定事件边界的过程，实际上就是在主动对你的精力和时间进行结构化。在一天的日程安排中，用结构化的方法确立每个时段的明确目标，用明确的目标引导自己高效地做事情，能够帮助你最大限度地利用和保有精力。

## 边界内要如何做

设定了事件边界之后，接下来的一个问题是：在具体的事件边界之内，应该怎么做？主要有 3 个原则。

原则一，对于大的任务，在事件边界内做分解。有时候，很多人觉得老板给的任务很大，无法设定准确的事件边界。对于这种情况，不用担心，你只需要把大的任务进行分解，就像分析广播体操的分解动作一样；然后规定自己在第一个小时内完成动作 A，在第二个小时内完成动作 B，依此类推。在每个边界内完成一个分解动作，连起来就是整个任务了。

原则二，边界内遵循单任务导向。意思就是，在事件边界内的这段时间，比如说这半小时或一个小时，你只关注这一件事，不关注其他的事情，心中只想着“完成这件事”这一个目标。其他的事情，不管是长远的还是紧迫的，都不思考，只关注眼前这一件事。

原则三，边界要清晰，要明确“免打扰”。进入边界内后，要快速进入专注状态，同时力求在环境的设置上减少干扰。边界内出现的一切与任务无关的东西，不管多重要，都是干扰，都要先放在一边。关于怎样减少可能的干扰，迅速进入专注状态，可以参考本书 3.1 节里介绍的方法，在这里我就不再具体介绍了。

## 事件超出边界怎么办

在实际操作中，有人可能还会担心边界内的事情无法按时完成该怎么办，会不会有挫败感。不用担心，这里也有两种方法可以帮助你改善这一点。

第一种方法是设置一个“补充边界时间”。设定好事件边界，就应该要求自己在边界内尽量完成。如果到时间了没有完成，就暂时搁置在一边，去忙别的事，不要因为这件事没有完成就还继续做下去，结果影响到你为其他事情设定的边界。对没有完成的部分，你可以另外为它设一个“补充边界时间”，在这个时间里接着把它做完。

第二种方法是坚持给每件事、每个任务设定事件边界。时间久了，养成习惯，你会发现自己对时间的感知能力提高了，同时对完成任务的时间的预估能力也提高了，你设定起事件边界来会越来越得心应手。这会帮助你大大减少边界内的事情无法按时完成的情况。同时，由于你在与别人的合作中坚持进行“事件边界制定”，这会让大家也越来越讲究边界、注重效率；长此以往，你会发现，自己的整个状态和能量都不一样了，你不仅每天能高质量地完成大量工作，而且能最大限度地减少精力消耗，感到非常轻松。

### 注意点

练习设定事件边界也是一个刻意练习的过程。重点是你要树立为每件事设定边界的意识。

我非常建议大家在平常的衣食住行中训练自己的边界意识。比如，即使自己今天比较闲，想去逛街、打游戏、做运动等，也要限定自己在两小时内完成这些事。本身这类事情也存在边际效用递减的特点，它带给你的放松感会随着时间的推移逐渐减弱，所以不如就直接限定边界，高效地完成，余下的时间用来做其他的事。

## 3.5 本课小结

在本课里，我们完成了对精力的第二大能量来源——专注力的学习，掌握了引导自己快速进入专注状态并维持更长时间的专注的方法。

通过调节内外部控制因素，快速进入专注状态，提升精力效率。我们是否容易进入专注状态，受到很多外部和内部因素的影响，这些因素就是我们所说的注意力的内外部控制因素。利用专注控制因素检核表（见表 3-1），有意识地主动调节这些因素，可以帮助我们更顺利地进入专注状态。

提升思维意志力，以维持专注状态。思维意志力是与大脑专注工作的能力密切相关的思维“肌肉”，就像你的背部肌群支撑着你的身体一样，它支撑着你的思考。思维意志力受到你体内血糖水平和你使用它的方法的影响。你可以用下图所示的 3 个方法帮助自己保持和提升思维意志力。

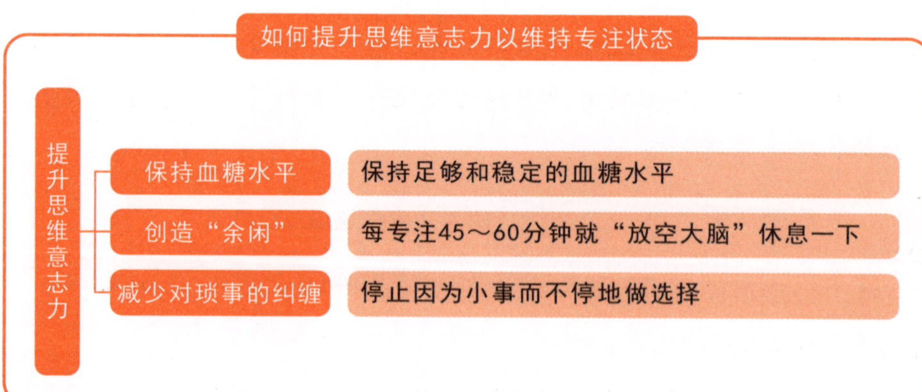

控制“决策消耗”，避免精力被过多的选择无谓地浪费。人们做选择的时候会动用感知觉、记忆、思维等认知能力。这个过程会造成精力的消耗，这就是“决策消耗”。不管选择是大是小，你做选择的频率越高，就会越快产生疲劳、精力不济的感觉。

**如何控制决策消耗**

- 决策消耗三步控制法
  - 觉察：找出自己的决策消耗性事件
  - 区分：分清大事和小事
  - 策略
    - 小事：采取固定的、简化选择标准的策略
    - 大事：采取固定的、量化的决策平衡清单

设定“事件边界”，提升精力使用效率。人天生只会对最后期限敏感。所谓设定事件边界，就是让你主动为自己每一天的每一项工作或者生活上的任务，限定完成的时间。你可以参照下图列出的方法，利用事件边界主动提升效率。

**如何利用事件边界主动提升效率**

- 事件边界制定法
  - 3类事件的边界设定
    - 可独立完成的事件
    - 需合作完成的事件
    - 情绪事件
  - 边界内要如何做
    - 大任务在事件边界内做分解
    - 事件边界内遵循单任务导向
    - 事件边界要清晰，要明确“免打扰”
  - 事件超出边界怎么办
    - 设置一个“补充边界时间”
    - 坚持给每件事、每个任务设定事件边界

4

# 情绪

## 积极情绪，是高效能的保障

情绪是非常重要的精力能量来源。进行情绪管理有两个目的。

- 让我们能在大多数情况下，保持积极、愉悦的身心和情绪状态，提高做事效率。
- 让我们能在遇到情绪问题的情况下，快速恢复、提振状态，减少不良情绪对精力的消耗。

本课中，我将从身体 - 精神回路、峰终效应等心理学原理开始，为大家介绍积极情绪在精力管理中的作用，以及如何快速启动积极情绪。同时，我会教给大家提升“心理韧性”和应对消极情绪的方法，并用科学的“良性压力四步转换法”帮助你持续刺激你的精力储备。在本课的最后，我还会为大家介绍一套清晰、好操作的“一日精力缓冲阀”，让你可以拿来即用，尽快实现长时间情绪积极、状态良好的状态，为一整天的高效工作打好基础。

## 4.1

# 启动积极情绪，建立良性精力循环

在这一节里，你会学到：为什么积极情绪能够帮助我们提振精力；有哪些好用的技巧可以帮助我们启动积极情绪；为了提升整体精力储备，我们在一天里的哪些时间尤其需要启动积极情绪。

## 身体 – 精神回路：为什么积极情绪有助于提振精力

学习了前面的章节，你已经有能力将精力集中在正确的事情上，妥善安排时间和精力，全神贯注于优先事项，也能灵活、镇定地处理所有事项。那么，在具体执行的过程中，当你感到非常忙碌、压力很大、事情复杂，或者遭遇失败、挫折与否定时，你通常会有什么反应呢？你是会依然保持当前的节奏，平和地应对，轻而易举、元气不伤地度过这个阶段，还是特别容易受到影响，情绪失控、节奏大乱？

实际上，在我们的身体和精神之间有一个精力循环的回路。当你游刃有余地处理一切事情，将各种精力能量都管理得非常好的时候，这个回路就会是一个健康积极的身体 – 精神回路，并持续发展下去，形成良性精力循环。

在这个闭合的回路里，我们可以看到身体、精力和情绪之间的关系。

- 闭合回路的 6 个环节，每个环节都离不开情绪的重要作用。从产生积极情绪到感觉活力四射、元气满满，直至达到精神愉悦、内心平静、心情舒畅的过程，实际上是你的情绪能量层级在逐步提高。

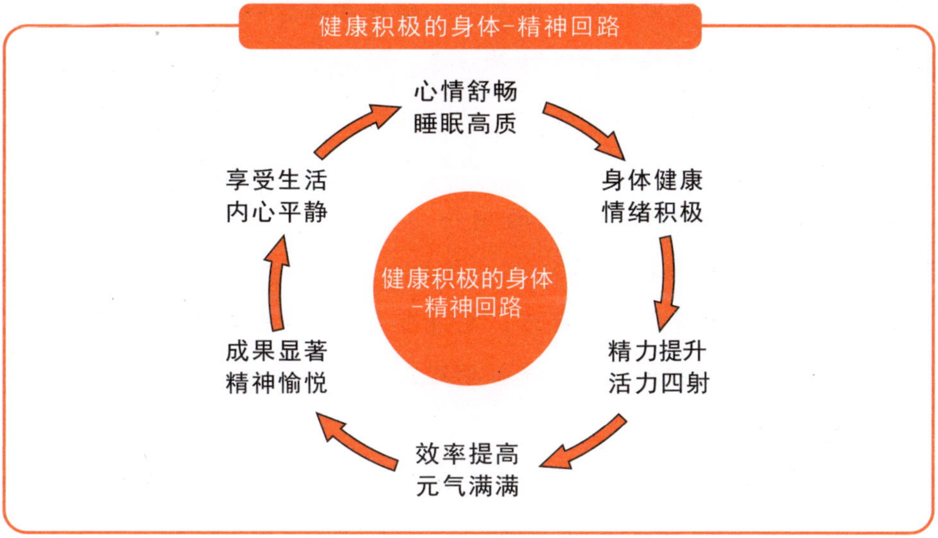


对比一下下面两个学员的日常工作状态。

小J是一名入职近一年的“半新”员工，在公司做销售助理，主要负责配合销售团队做各种行政和服务工作。如果问小J她的精力状态如何，她会给自己打70分。她是个还算自律的人，工作也很认真、细心，每天按部就班地工作，整体感挺好的，经常感到元气满满。但就是每当工作紧张时，比如销售季度会、年会、公司大采购会、月末计算奖金等的时候，事情又多又杂，还经常出现变化，而且人人都来找她处理这个、跟进那个，小J会变得特别容易焦虑、急躁，跟同事说起话来态度也不好，容易得罪人，过后她后悔不迭，却已经无法弥补，自己也身心疲惫，还容易出错。她很希望自己能做到始终沉稳、淡定、愉悦地处理工作，却仿佛根本控制不住自己的情绪，一来急活就容易焦躁、不受控制。

小K入职一年多了，是一名市场助理，工作内容是配合领导做各种市场推广和项目的策划、执行、反馈等工作。如果问小K她的精力状态如何，她会给自己打80分。她一直有比较好的健康习惯，不管饮食还是睡眠，都比较有规律，最近也开始健身了。小K的工作特点是项目来了可能就得废寝忘食地忙活三四个月，然后可以有一个月左右节奏相对缓和的状态。小K已经适应了这种节奏，随着工作上的锻炼，她也越来越有计划性，在做项目的过程中，即使出现突发状况，小K也不会太慌乱，她知道事情总是能解决的，所以会告诉自己冷静分析一下状况，寻找解决方案，或者求助于自己的领导。虽然忙起项目来，她白天可能都顾不上吃饭，但她的心情很好，尤其是每天都能把待办事项完成个七七八八，这让她特别有成就感，觉得自己每天都没有浪费时间。同事们也觉得小K很好相处，她总是很乐观、积极，而且很有想法，因此非常愿意与她合作。

小J和小K的健康和习惯管理都还做得不错，区别在于在遇到紧急、高压、多变事件的时候，小J容易有急躁情绪、慌乱、出错，而小K则相对沉着、稳定、积极。有这种差别是因为小K在情绪管理方面比小J更胜一筹。分析两个人的身体–精神回路，你会发现小K的身体–精神回路的弹性比较好，而小J则偏刚性，脆性强，容易出状况。回路的弹性主要取决于一个人对情绪能量的认知和管理能力。

- 在这个闭环中，身体和情绪（精神）是交互影响的。你从回路中的任何一个点着手改善这个回路都是可以的。比如说，你可以从身体入手，让自己通过高效率、快节奏地完成任务来提升精气神，让自己经常因为成就感而元气满满；同时，你也可以从情绪入手，主动通过一些方法启动自己的积极情绪，来提升精力水平，促进任务的高效完成。

回到小J和小K的案例，小J可以通过如下方法来改善她的身体–精神回路。

小J在发现自己的情绪容易受到工作压力的影响之后，决心改变自己。她决定从回路的两个方面同时入手。

- 一方面，在遇到大项目时多向前辈学习，多向同事咨询和求助，努力提高自己的工作能力，提升工作效率，通过不断地解决问题、完成任务来提升自我满足感和精神状态。

- 另一方面，主动对自己的情绪进行觉察，并对导致自己坏情绪的事件进行分类，进行自我提醒；使用各种积极情绪调动方法（下文将详细描述）改善自己的状态。

所以，工作时如果遇到精力、动力不足的情况，你不用总是苍白地激励自己熬过去，告诉自己到家或到周末、假期就能休闲娱乐了，而是可以在了解了身体 – 精神回路之后，采取更快、更有效的应对办法，主动调动自己的积极情绪。

**注意点**

通过身体 – 精神回路，用积极情绪提振精力，也是一个需要养成的习惯。这个习惯可分为以下两步。

- 第一步，先养成自我情绪觉察的意识。
- 第二步，在感到情绪进入低谷的时候，可以选择性地使用下面的6个技巧。

## 积极情绪启动清单：6 个简单有效的技巧

根据心理学家对大脑奖励系统和健康心理学的研究，当你实在感到力不从心或精疲力尽时，有很多办法能让你迅速重焕活力。

这里挑选了 6 个最有效的技巧分享给大家，这些技巧都源自对人类深层心理需求的关照，在快节奏的职场生活中都很有用，操作简单，立竿见影。这些技巧涉及人类的六大心理需求主题：感激、慷慨、好奇、成就、联系、愉悦。

技巧一，感激。你可以有意识地多注意“好事情”。

振奋精神最容易的办法之一就是想想高兴的事情。心理学家一般把这称为“感恩训练”，简单来说就是：花点时间坐下来，想想你所经历的几件正面的事情。

**人类的六大心理需求主题**

| 感激 | 慷慨 | 好奇 |
| --- | --- | --- |
| 成就 | 联系 | 愉悦 |

**技巧一 感激**

多注意"好事情"

多项研究发现，每天这么做，持续一到两周，结果参与实验的人反馈几个月之后他们依然感觉很开心。从脑科学的角度来说，人类的每个想法都与相互联系的神经元构成的某个网络密切相关，这些神经元网络被使用得越频繁，就越会被强化。所以，我们对负面的事情关注得越多，就越容易发觉糟糕的方面。相反，如果我们经常训练自己去发现某件事情的好处，就能经常激活"正面、积极的神经网络"，强化大脑中与这种生活态度有关的神经通道。随着时间的推移，这能让强化乐观态度对我们而言变得更加容易，这也是积极心理学非常关键的发现之一。

具体来说，你可以尝试下列做法。

- 在每天的日程上明确安排，用睡前的10~15分钟回顾今天让自己开心的好事情。
- 随时在手机备忘录上记下你经历的好事情。
- 躺在床上准备睡觉的时候，试着与家人或孩子一起回想好事情，以此欢快地结束一天。
- 在会议开始时做简短的回顾和展望，让大家都有好心情。
- 结束一天的工作，在回家的路上与朋友电话聊聊今天发生在彼此身上的让人愉快、高兴的事情。

技巧二，慷慨。多随机地做一些善意的小事。

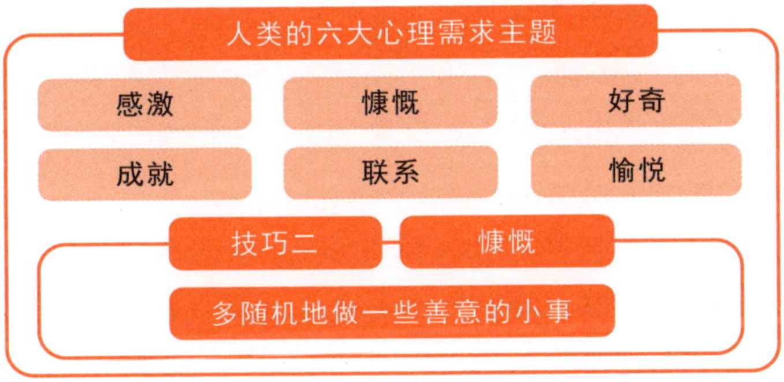


当我们自己需要振奋精神时，就先让别人振奋一下，从别人的振奋中获得能量，这是符合心理学规律的。

积极心理学之父，宾夕法尼亚大学教授马丁·塞利格曼（Martin Seligman）曾经提出："善意的举动提升瞬间幸福感的效果是最好、最可靠的。"

心理学研究还发现，给别人花钱产生的愉悦比给自己花钱更持久。联合国《全球幸福报告》也证实，不论来自何种文化，慷慨大方都能提升一个人的自我认同，使其感到振奋。

就如同回想以往的成功经历能激活我们已有的神经联系，重新点燃自信的心态一样，回忆善行的效果几乎与做善事本身一样好。日本和北美的一些研究人员发现，人们只要坐下来回顾过去一周做过的善事和给别人带来的好处，他们就会感到更快乐。也就是说，如果我们帮别人一个忙，这一经历会在未来我们回想起来时反复给我们精神上的奖励性回报。

具体来说，你可以尝试下列做法。

- 主动给别人一个意想不到的小赞美。可以说"你们总是这么周到、细心"，或"你们这么有计划性，真让我佩服"，又或者"很喜欢你的手机壳（或手表、耳坠等首饰）"。
- 主动真诚地表达特别的感激。可以花一点时间告诉别人你很感谢他们做的事，而不要因为匆忙地赶去办日程上的下一件事而忽略这一点。尽管大家完成的只是自己分内的工作，但你主动表达感谢会对提振双方的积极情绪非常有好处。

- 乐于助人。看到别人似乎在处理一些困难的事情时，主动问问你可以帮什么忙；你可以明确说你有多长时间，例如，“我过 20 分钟才会离开，有什么我可以帮忙的吗？”等等。
- 做些意料之外的让人愉快的事。坐地铁时给别人让座，友好地让着急的车插队，带好吃的与大家分享，特别热情地介绍某人，主动向出租车司机表示感谢以及对他辛苦的体谅，等等。

技巧三，好奇。主动挖掘有意思的点。

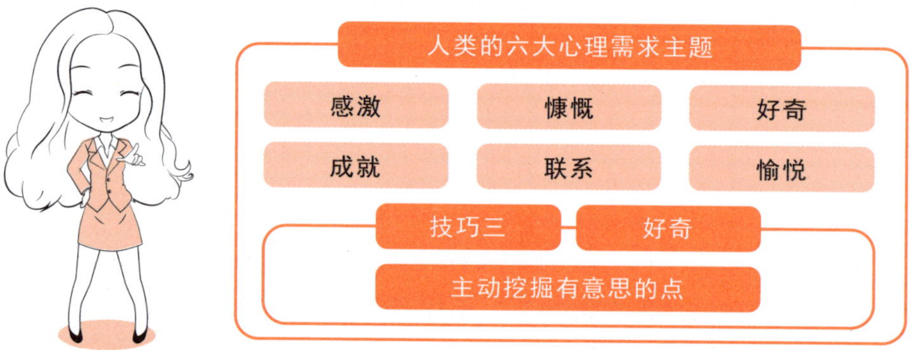


无精打采的时候能迅速让你感到精神振奋的一个办法是，想办法让你的工作变得有意思。其实人们对世界的看法和由此产生的情绪与精神状态，是由注意力决定的，类似于心理学所说的“自我实现预言”。如果人们认定自己的工作很有趣，就更容易“选择”看到、听到能证明这个想法的内容，从而强化“我的工作很有趣”这个结论。反之亦然。

心理学研究表明，人类对现实的感知非常主观，所以如果希望每天的精神更振奋，不妨去找找现实中更有意思的方面。

你可以尝试以下做法。

- 养成寻找周围环境中有意思的事物的习惯。这些事物可以是树上的喜鹊窝、天空中飞过的飞机、路边花圃中好看的花朵等。
- 花 15 分钟，坐下来，找到你的工作中最能激励你、让你感到兴奋的那些点，并用笔写下来。你可以专门准备一个漂亮温馨的小笔记本，记录这些小小的闪光点。

- 约朋友微信聊天 10 分钟，各自说说最近自己工作、生活中几件让自己感到有趣或有价值感的事情；或者“互相挖掘”，说说对方的工作与生活中让自己感到有趣或有价值感的事情。
- 看几个有趣的短视频，体验不同的人在生活中自在和愉悦的状态。

技巧四，成就。完成有意义的小目标。

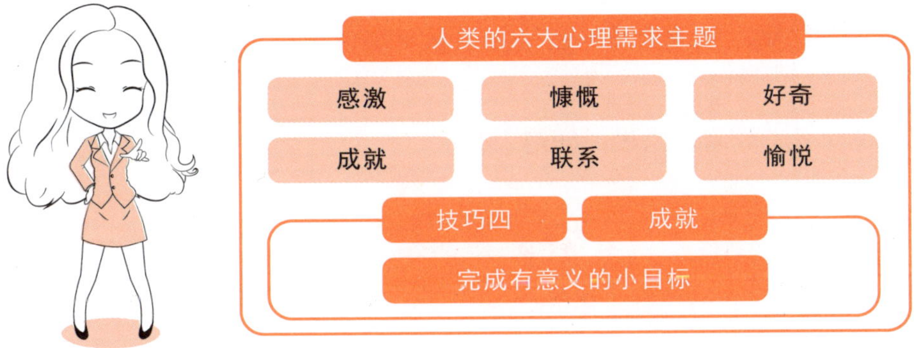


完成了之前制订的目标，总是让人特别爽。每次划掉待办事项列表上的一个事项，我们的大脑奖励系统都会给出一个奖励，进而激励我们继续努力。因此，当你觉得自己专注力不足、情绪低落的时候，不妨运用这个办法给自己制造一点胜利的快感：选定一个相对容易实现的小目标，让自己能心满意足地搞定。

心理学家都很了解“转移行为”，比如，人们会在工作开始之前避开比较重要的事情，反而花很长的时间去整理桌面和文具，这是因为这些事情能让我们获得小小的满足感。但仅靠“转移行为”是不够的，最能激励我们的小目标应该能让我们朝着真正重要的大目标小步前进。

哈佛大学的特蕾莎·阿马比尔（Teresa Amabile）与史蒂芬·克莱默（Stephen Kramer）开展的一项研究证明：“在能在工作时间提升人们的情绪和积极性的所有因素中，最重要的一个是你能感受到自己在有意义的工作中取得进展。”所以，最重要的窍门就是：挑选你真正在乎的

事情 / 方向，然后完成一小步。

你可以尝试以下做法。

- 问自己："在完整完成这项重要的工作之前，我今天能迈出的最小的一步是什么？"如果你要开发一个客户，那么打个电话或者发一封邮件，约个下午茶，可能就是你的第一个分解动作；如果你要去健身，保持身材，那么穿上运动鞋出门可能就是你的第一个分解动作。
- 马上行动，心满意足地把这件事从待办清单中划掉。你会觉得很有成就感。

技巧五，联系。腾出时间与人交流。

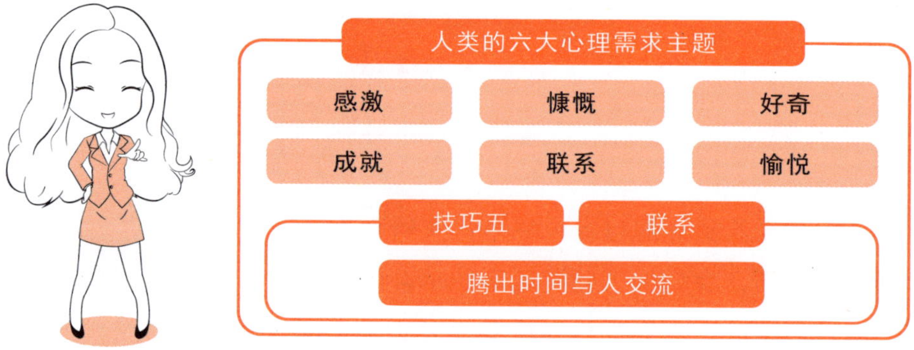


心理学研究证明，能在一天中腾出时间与别人打些交道，确实有助于我们保持精力旺盛的状态，不论对方是你亲近的人还是没那么熟悉的人。伦敦政治经济学院教授那塔夫德·保德特哈维（Nattavudh Powdthavee）的研究也证实，有意义的人际交往对幸福感产生的影响相当于增加收入的影响。

具体来说，你可以每天试试下面的做法。

- 午餐时和同事坐在一起。虽然自己坐在桌前吃饭要省事得多，但你会发现，花点时间与别人随意、愉快地聊天，你的精力水平会提升。
- 花时间主动与对你重要的人交流，哪怕不能面对面而只能远程或简短地交流。比如你的直线经理，或者你重要的朋友、闺密以及家人。保持常规的情感连接，非常有利于提振双方的积极情绪。

- 如果你计划和朋友聚餐，但由于临时加班，可能不得不取消，请不要轻易取消。如果实在没有办法，可以缩短见面和交流的时间，但不要直接取消聚餐，不要轻易为了工作放弃这个可能让你放松并振奋你的精神的机会。通常，见面之后你会更愉悦，也更高效。
- 与陌生人打交道时增加互动。不要眼睛一直盯着手机、一言不发地扫码付款，可以微笑着和对方眼神交流，然后随口说一句能引起共鸣的话，比如“看来你们店这会儿很忙啊”，或者“这两天上海的雨真大啊”，等等。
- 多和那些散发正面气场的人互动。情绪是可以传染的，所以如果你情绪低落，可以留心找一个你认识的乐观向上的人，跟那个人聊会儿天。

技巧六，愉悦。主动微笑。

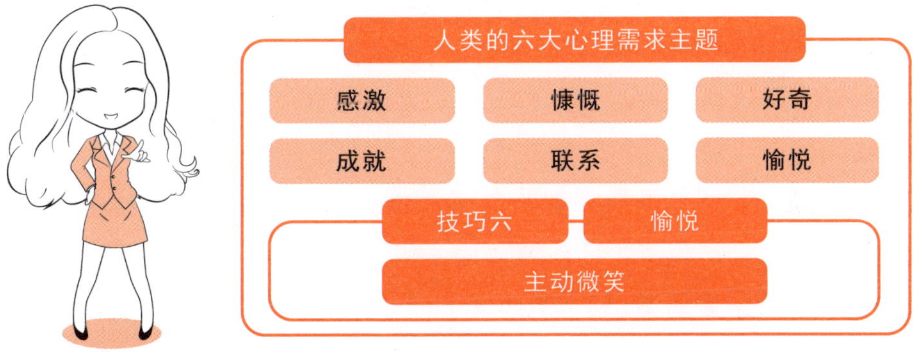


微笑普遍被人类用于表达愉悦，人们开心时就会微笑。从心理学的角度来说，这个因果关系反过来也成立：你微笑时会开心一些。有句英语谚语叫作 Fake it until make it（在得到快乐之前，假装快乐），就是在表达这个意思。当我们强迫自己微笑时，大脑就会接收到“啊，我很开心”的信号，这种暗示真的能帮助你改善情绪。这一点已经在过去数十年的心理学研究中被多次证明。

积极心理学家詹姆斯·莱尔德（James D. Laird）在 1974 年邀请一些志愿者进行了一项实验，将他们分为两组，要求一组在接触电极时皱眉，另一组则微笑。皱眉组的受试者报告说，他们体验到了愤怒；而微笑组的受试者则报告说，他们体验到了更多快乐，还觉得看到的卡通片更加有趣。因此，莱尔德得出结论："每当我们微笑时，神经和肌肉就会传递信息，使大脑的快乐中心兴奋。

具体说来，你可以尝试以下做法。

- 打开手机的录像功能，录一段自己的笑容，体会自己的唇形、面部肌肉和眼神的变化，并体会在这前后自己的心理感受。
- 在做演讲和主持会议之前，对大家露齿而笑。脸部运动一下，情绪自然就来了。
- 打开手机的录音功能，分别录下自己微笑和不微笑时的声音，然后放给自己听听，体会两者的区别。相信我，你会对自己微笑时的更有亲和力的声音产生一种非常特别的感受，这会让你感到安静、放松。
- 在公司遇到某个不是很熟悉但认识的其他部门的同事，尝试微笑着点头打个招呼。你可以每天对两三个同事进行这个操作。

以上就是 6 个可以帮你立竿见影地启动积极情绪，从而提神醒脑、振奋精力的技巧。为了帮助你方便地使用这些技巧，我把它们整合成了一份"积极情绪启动清单"（见表 4-1），里面包含了以上 6 个技巧的具体做法示例。

**表 4-1　积极情绪启动清单**

| 技巧 | 具体做法示例 |
| --- | --- |
| 多注意"好事情" | • 每天设定日程安排提醒，提醒自己回顾每天发生的好事情<br>• 在手机备忘录上写下经历的好事情<br>• 躺在床上准备睡觉时回忆一天的好事情，可以和家人一起做<br>• 在会议开始时做简短回顾，让大家都有好心情<br>• 回家路上和朋友打电话聊天 |

续表

| 技巧 | 具体做法示例 |
| --- | --- |
| 多随机地做一些善意的小事 | • 主动给别人一个意想不到的赞美<br>• 主动真诚地表达特别的感激，告诉别人你很感谢他们所做的事<br>• 当别人需要帮助时，花点时间问问你可以帮什么忙<br>• 做些意料之外的让人愉快的事，比如让座、带吃的东西与大家分享 |
| 主动挖掘有意思的点 | • 养成寻找周围环境中有意思的事情的习惯 |
| 完成有意义的小目标 | • 问自己，今天可以实现的一个有意义的小目标是什么<br>• 马上行动，然后把这件事从待办清单中划掉 |
| 腾出时间与人交流 | • 午餐时和别人坐在一起<br>• 与对你重要的人交流，哪怕不能面对面而只能远程或简短地交流<br>• 不要轻易取消和朋友的约会<br>• 与陌生人打交道时增加互动<br>• 多和那些散发正面气场的人互动 |
| 主动微笑 | • 通过录像，记录你微笑时的样子<br>• 打开手机，分别以微笑与不微笑的表情录音，听听区别<br>• 在公司多主动向同事微笑<br>• 在做演讲和主持会议之前，对大家露齿而笑，让脸部运动一下，情绪自然就来了 |

你可以把这个清单存在手机或计算机里，在感到自己情绪低落的时候拿出来看一看，提示自己采取哪些具体的做法，重振精神。你也可以关注我的公众号“婧鉴商学院”（Remmi_Growth），在后台留言“积极情绪”，获得 6 个积极情绪启动的卡通提示小卡片。

**注 意 点**

这 6 个技巧是为了帮你提振精力，做的时候不要流于形式。没有心灵和情感投入的技巧是没有效果的。所以，如果与人交流，就真诚地去交流；如果要表达赞赏和感激，就真挚地去感谢；如果要挖掘有意思的点，就认真地坐下来仔细思考。

6 个技巧相辅相成，你可以选取其中两或三个固定穿插在自己的日常生活中，会很有成效。例如，我的方法是每天在打车上班的路上与出租车司机天南海北地聊天 10 分钟，时事政治、家长里短，什么都聊。

这种聊天很放松，有时候也很有趣。接下来 20 分钟的打车时间，我会用来进行工作上的电话沟通（大家可以看到，这里我用了事件边界来安排我的通勤时间）。这样，总共 30 分钟的通勤时间，我既愉悦、放松了心情（使用了 6 个技巧中的“联系”），又完成了一部分工作（使用了 6 个技巧中的“成就”），很有成就感。所以，每天早晨抵达公司的时候，我的心情都非常愉悦，整个人元气满满。

## 精力曲线和峰终效应：抓住启动积极情绪的重要时机

知道了怎么启动积极情绪，接下来的一个问题是，你要在什么时候使用这些方法来启动积极情绪呢？

当然了，你完全可以在任何需要的时候这样做，但是我还是要向大家强调两个重要的时机。坚持在这两种情况下启动自己的积极情绪，对提升你长期的精力水平很有帮助。

第一个时机，是你每天精力的低谷期。坚持在一天中的精力低谷期主动采取措施提振精力，对提升自己一天里的精力储备总量很有帮助。还记得我们在第 1 课里学过的“一日精力状态曲线图”吗？坚持用这个工具一周的时间，总结自己的精力变化规律，这样你就能找到你每天精力水平比较低的时间段。

然后，你可以在一天中精力的低谷期或者精力快速下滑的时间段，利用前面学到的 6 个技巧，刻意制造出一两个高峰，比如和朋友聊聊天或是完成一个让你愉悦且有成就感的哪怕很小的任务。或者看看是否可以通过营造能让人迸发活力的环境，比如选择让人神清气爽的工作地点，和精力旺盛的人相处，或是播放欢快向上的音乐等，来应对那些特别耗费精力的任务。

要多注意你精力起伏的规律，确定能够振奋或抑制你的精力的因素有哪些。可以考虑如下维度。

◆ 脑力：分析、创意思维、规划、阅读。

◆ 体力：锻炼、旅行、体力活动。

◆ 社交：具体的个人、人群的类别、处于人群中和独自一个人时的状态。

◆ 环境：声音（如音乐）、工作场合、自然环境。

◆ 时间段：昼夜节律、家庭或个人的日常习惯。

第二个时机，是一件事和一天的结尾。如果问你今天是否快乐，你会在潜意识里会评估两种快乐：一种是即时的快乐，就是你在回答问题的当下所体会到的感觉；还有一种是记忆的快乐，就是你回想到目前为止你所记住的事时的感受。研究发现，这两种快乐会对我们的幸福感起到很大的作用。而我们的大脑在评估各种经历时，倾向于取最激烈的时刻（高峰）和终结的时刻（结尾）的平均值。这就是心理学家所称的“峰终效应”。

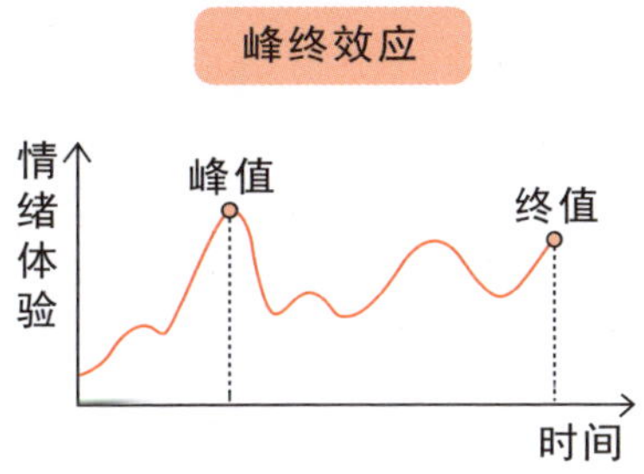


其实，这是我们大脑的无意识系统在节省脑力，创造经历的精简版本，存进记忆库——这样就只需要几个数据点，而不需要我们再回想、评估每一个瞬间。

著名心理学家丹尼尔·卡尼曼（Daniel Kahneman）是行为经济学研究的先驱者，他通过让实验对象体验各种不愉快的经历证实了峰终效应。

在一项实验中，他让志愿者把手放到让人不舒服的凉水（14 摄氏度）中 60 秒。

卡尼曼发现，如果紧接着让志愿者再把手放到稍微温暖一点的水中（15 摄氏度）30 秒，他们会觉得这个过程没有那么不舒服。尽管 15 摄氏度的水也不舒服，但结果是：人们更倾向于接受 90 秒的不适，而非 60 秒的不适，只是因为后面的 30 秒时间体验稍好一点。

研究发现，评估不愉快的经历（比如结肠镜检查和噪声干扰）时，如果这段经历的后期情况略微缓和，人们会觉得整个过程没有那么不舒服。换句话说就是，以不那么糟糕的情况结尾，能让人们对整件事情的感受变好。

总之，结尾对积极精力的影响作用是举足轻重的，峰终效应对我们改善一天的整体感受有很大的指导意义。所以，我们应该努力创造一段经历中的高峰时刻。如果单调乏味的会议上有那么一个引人注目的美好瞬间，我们对整个会议的记忆就会更加正面。

峰终效应在改善整体感受方面有很大的作用，同时它还告诉我们：应该更科学地对待所有事情的结束——尽量让每次与人打交道、每个任务、每一天都完结得很漂亮。

想利用峰终效应激发积极情绪，你可以采用以下做法。

- 养成每天晚上总结当天发生的 3 件好事的习惯，这是改善你对某一天的记忆的好办法。
- 与别人的谈话即将结束时，有意识地总结一个让人最受鼓舞的瞬间，可以重复之前的信息，比如“你拿到了录取通知书真让人高兴”。这能让你自己和你的谈话对象的注意力都回到积极的方面。
- 在正式会议的讨论中，你在总结时可以说：“今天有哪些对会议效果很有帮助的方面是我们应继续保持的？”这能促使大家回顾会议组织过程中他们认为有用或有意思的事情。
- 下班前，你可以与同事聊天，直接就工作中你欣赏的部分发表评论，比如，“这次项目的预算控制迄今为止都做得很好，大家都很有投资回报率管理的思维”。

我工作的第一家公司的老板是一位非常严肃认真的女性，她沟通时总是非常严肃、就事论事，而且语气没有起伏，所以有时会让员工略有压力。但是她有个特点，即沟通结束前的那一句“非常好，谢谢”总是异常地温柔和有亲和力，从而很容易让人感觉整个对话“还是比较愉快的”。这就是峰终效应的一个非常好的应用。

# 4.2

# 锻炼“心理韧性”，对负面情绪说“不”

在上一节中，我讲了怎么通过主动启动积极情绪来提升自己的精力水平，增加长期精力储备。在这一节中，我们要转换一下角度，看看怎么控制负面情绪对精力的消耗。你会学到：（1）什么是心理韧性，它和我们控制负面情绪、减少精力消耗有什么关系？（2）有哪些简单好用的方法可以帮我们提升心理韧性？（3）当一件事情反复让我们陷入负面情绪时，我们可以怎么做？

## 心理韧性：与负面情绪控制力和精力消耗相关的一个新概念

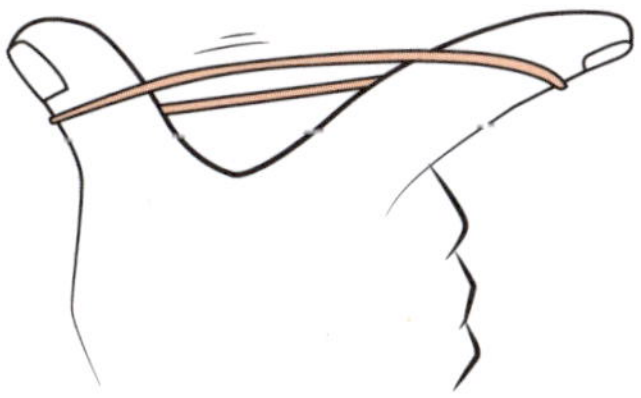

无论是在商界还是在体育界，一贯的高水平表现都是训练的结果，特别是思维训练的结果。处理好工作中的负面情绪，是任何一名职业选手重要的专业精神，也是一名职场精英的必要素质。

处理好工作中的负面情绪，要求我们能不被一时的面子、得失左右，而要客观地看待压力和期望，对它们做出适当的情绪反馈。以前人们认为，这种处理负面情绪的能力是人天生的性格特质，后来心理学研究才发现，这种能力完全可以通过后天训练来提升。

这其中的关键就是心理韧性。心理韧性也就是心理的柔韧程度，英文叫“mental toughness”，指在压力下管理思维和情绪的能力，也体现为抵抗打击的能力。心理韧性的强弱，决定了一个人在面对困难时的很多行为。

但是要注意，心理韧性强可不是脸皮厚、油盐不进，而是在面对挫折时思维更深远、更多角度、更客观。

心理韧性弱的人，在高压下处理不好情绪，容易陷入精力损耗、效率低下、关系破裂、错失机会或失败的状况。心理韧性强的人，在压力下能表现出更专业、冷静地处理问题的能力，不会情绪失控、过度消耗精力，反而能抓住机会，改善状况。

既然心理韧性是一种专业的压力和挫折处理能力，可以通过练习来提升，那么具体应该怎样练习呢？

## 提升心理韧性的 3 个日常练习方法

方法一：用目标进行激励，设置“目标提醒页”和“目标回顾日记”。

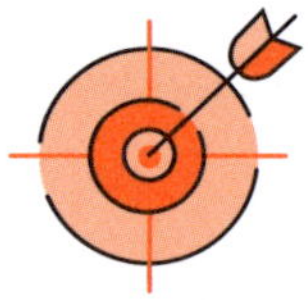

你可以在手机备忘录里做一个“目标提醒页”，里面的文字可以是你的人生目标、年度目标或者月度分解目标。关于如何制定这些目标，可以参考本书第 1 课中教大家做的人生价值 - 行为解锁图、年度价值 - 行为解锁图，以及每月、每周、每日的价值 - 行为解锁图。这些都是能让你想起来就备受激励的人生追求。你可以把这些图放入备忘录，作为你的“目标提醒页”，时刻提醒你，对你来说，重要的人生追求是什么。

当你遇到挫折，感到沮丧、失落、挫败、被否定、无力的时候，拿出这一页，回顾自己的目标。你可以在“目标提醒页”的后面再加一页，写下自己这一天的情绪和“目标回顾日记”，写下在达成自己的大目标的过程中，你已经完成了哪些小成就。

写着写着，你会发现，自己已经能从当前沮丧的情绪中平复过来了，并且因为长远目标的激励而重新燃起了斗志。写完“目标回顾日记”，请务必保存，以便日后自己再次回顾。

方法二：定期梳理成就事件。

遇到挫折和无法处理的情况时，人们往往会忽略自己原来有多么厉害，可能会不由自主地妄自菲薄。

这个时候，梳理成就事件就非常重要了。所谓梳理成就事件，是指通过回忆、分析以前的经历，帮助自己更清晰地认清自己的技能特长和优势。也就是说，通过对以前发生过的成就事件进行更理性的分析，帮助自己认清自己在各方面的优势，客观地看待自己，而不是轻易妄自菲薄。

定期梳理成就事件

想一想，在你的生活中，你曾经取得过哪些成绩，完成了哪些事情，战胜了哪些困难，取得了哪些小胜利？

你可以找一支笔、一张纸，将每一项成就都列出来，像自传一样记录你曾经取得的成就。

在写的过程中，你对“成就”的定义要尽可能地放宽一点。具体来说，你可以写下自己掌握的生活技能、得到的赞美、付出的爱心、提出的创意、影响过的人等，尽量丰富你的列表。

你还可以每过几天就把一些新的事情加上去，持续更新。你可以把这个列表放在床边，或直接用手机备忘录写，这样就不会漏掉睡前或者起床时脑子里冒出的想法了。让它成为一个一直在变化、一直在补充的列表。

以下是从我的学员的列表中摘录的例子，可以供你参考。

- 我考取了自己喜欢的专业，大学期间过得充实、健康、快乐。
- 我从家里搬了出来，做到了经济独立，不用再向父母要钱了。
- 半年来，我一直坚持每周去健身房练习至少两次。
- 我自己买房，自己装修，拥有了一个属于自己的小家。
- 我利用业余时间学会了 PPT 的制作技巧。
- 我学习了一个精力管理的在线课程，并付诸实践，感觉自己的行动力变得很强。

要是没有时间做完整的成就列表，你还可以通过问自己问题来提示自己回忆过去都有哪些成就。

- 我过去曾经在什么时候很好地应对了困境？
- 哪些个人品质让当时的我克服了困难？
- 这对我现在面对的情况而言有什么借鉴意义？
- 现在最重要的是什么？当下我真心希望发生什么？

方法三：采用旁观者视角和未来视角。

所谓旁观者视角，就是试着与自己对话，把自己称为“你”；未来视角，就是跳到未来去想象当下的情形。为什么未来视角会有用？秘诀就在于让自己的思维与当下的境遇“保持距离”，这种“距离”会让你更客观、更理智、更有分析能力，这是经过科学的心理学实验证明的。在很多情况下，我们为别人做分析和判断的时候更客观，然而自己遇到事情则“只缘身在此山中”，容易走极端和迷失。所以，如果能主动采用旁观者视角，你思维中的长远性、客观性、正面性就会被激发出来。

伊森·克罗斯（Ethan Kross）是密歇根大学情绪与自我控制实验室的主任。在一项实验中，他和同事给志愿者做了特里尔社会压力测试，就是让志愿者们准备一个演讲，论证为什么他们是某份理想工作的最佳人选。

在志愿者准备好演讲但还没讲之前，他们被要求用 3 分钟时间来思考自己的焦虑感。研究人员要求第一组志愿者考虑的问题是：“为什么我会有这种感觉？”同时，研究人员让第二组志愿者与自身保持些距离，以第三人的视角来评判自己：“为什么某某（比如梅兰妮）会有这种感觉？”

最后，他们都在一组公正的裁判面前演讲。第二组“保持距离”的志愿者的演讲所获分数更高，并且他们的感觉也更好。研究人员发现，他们也更少在演讲前后表达“刚才我太糟了”“表现不好”之类的负面体验。

研究人员还发现，在眼前的威胁和失败过去后，“保持距离”仍然有用。在回顾最近一件不太愉快的事情时，如果人们以旁观者视角来描述，他们会更客观、更平静。

“保持距离”这个办法的良好功效还可以长期持续，让人们在下次面临紧张状况时更容易保持镇定。

也就是说，当你的思维与当下的境遇“保持距离”时，这种“距离”会让你更客观、更理智、更有分析能力。所以，每次有紧张、不顺利的状况发生时，你都可以采取这种“保持距离”的方法来与自己对话或提出问题，比如：

- 采用旁观者视角与自己对话。比如，下午的一个工作汇报令你感到紧张，与其对自己说“我很担心今天下午的工作汇报，因为……”，不如用第二人称对自己说“下午的会议令你感到很紧张，因为……”
- 采用未来视角与自己对话。问自己：“再过一个月或一年，我会怎么看这件事呢？”这个方法很简单，让你直接拉长时间间隔来看待一件事。要知道，很多事情，当时我们以为是无法翻越的高山，过后再看，其实只是潺潺流水。
- 提出对未来的明确预期。你希望再过一个月或者一年，这件事变成什么样子？为了使你的希望成真，你现在应该开始做什么？

除了以3个方法能让你摆脱沮丧、愤怒、自我否定，更客观、冷静地看待挫折，我还有3个步骤可以帮助你“重新评估”现状，随时重启自我、满血复活。

## 用三步法重新评估让你陷入情绪的事件

有时候，我们会因为一件事而较长时间地陷入负面情绪，无谓地消耗大量的精力。这个时候，除了上面所说的3个方法，你还可能需要使用“情绪事件重估表”，通过3个具体步骤来摆脱负面情绪困扰的根源，管理它对你精力的消耗。

这3个步骤的操作也很简单。

第一步，列出实际情况。

这是应对棘手境况时需要采取的第一步。这个时候，你应该想着

“事情总有解决方案，先坐下来看一看”。而所有的“实际情况”就是指你真正确定知晓的事情。经验告诉我们，一旦被某种情绪控制，人们就非常容易进入主观解读而非遵照客观事实来理解的状态。

比如，人们会说“我太蠢了”“我很挫败”“没有人认可我的贡献，我很无能”这类话，但这是事实吗？可能是，也可能不是，这些都只是人们的解读而已。你要做的，就是先安静地坐下来，把真正的“实际情况”都列出来，而不要直接去解读。

下面举一个例子。

年底，公司对员工进行年终绩效评估的时候，小 L 的直属老板给他打了 4.5 分，但他觉得自己应该可以得 5 分。辛辛苦苦工作一年的小 L，对这件事有一些“小情绪”。老板昨天找他谈话，肯定了他今年的一些工作，但同时也指出他在今年最大的 ×× 项目中的表现还有提升的空间，比如，在团队合作和沟通方面，他还要进一步提高。

在这个例子里，小 L 可以列出这些实际情况：

- “老板给我的评分低于我的预期。”
- “今年我工作很努力。”
- “老板与我进行了一次谈话，肯定了我的工作，也指出了不足。”

第二步，突出你的假设。

现在小 L 有机会思考对这些事件的解读了。他练习在开头处用“我假设……”写下一些话：

- “我假设我的绩效约为 5 分，而他们没有认识到。”
- “我假设他们想要把我调低一级。”
- “我假设这是对我的报复，因为我之前没听从他们的意见，关停这个已经在亏损的项目。”

这么一来你应该懂了，诀窍就在于检视你对这件事的方方面面所做的假设：原因，结果，你自己和所涉及的每个人的评价，等等。仔细审视你的假设，把最重要的几个列出来。

第三步，找出备选的解读方案。

找出备选的解读方案，要坚持两个基本态度。第一是尽量减少负面解读和假设，比如："我的假设是，绩效评估结果说明我不受待见，但事实不是这样的，因为我和评估者的面对面谈话非常积极、正面。"

这个态度能稳住事态，不让负面情绪泛滥。

第二是尝试进行正面解读。关于评估的实验证明，这能进一步提升和振奋情绪。思考一下，在绩效评估这个案例中，乐观一点的情形是什么样的呢？比如：

"他们满意我的工作，但想向我传达一个信息——不谦虚地思考经验丰富的同事提出的意见是不对的。他们希望我在项目进展过程中减少自我的思维，更加配合别人，更有团队精神。他们希望我把这个过程当成一次学习的机会，而不是固执己见。"

当你真的这么做时，你可能会意识到别人的思想和评价中至少有一些方面是对的，这对拓展你的思维角度、缓解你的情绪非常重要。

经过以上 3 步，你就可以列出一份"情绪事件重估表"了（见表 4-2）。

下面是上述案例中小 L 所做的情绪事件评估表，供大家学习参考。

**表 4-2　情绪事件重估表（举例）**

| 步骤 | 具体做法举例 |
| --- | --- |
| 1. 实际情况 | （1）老板给我的评分低于我的预期<br>（2）今年我工作很努力<br>（3）老板与我进行了一次谈话，他肯定了我的工作，也指出了不足 |
| 2. 你的假设 | （1）我的绩效约为5分，而他们没有认识到<br>（2）他们想要把我调低一级<br>（3）这很可能是对我的报复，因为我之前没听从他们的意见，关停这个已经在亏损的项目 |
| 3. 备选解读 | （1）我以为绩效评估结果说明我不受待见，但事实不是这样的，因为我和评估者的面对面谈话非常积极、正面<br>（2）他们满意我的工作，但想向我传达一个信息——无视经验丰富的同事提出的意见是不对的。他们希望我在项目进展过程中更加配合别人。他们希望我把这个过程当成一次学习的机会，而不是固执己见 |

表 4-2 所示的这套方法的厉害之处在于，采纳对事实的另一种解读，实际上能改变我们体验和记住困境的方式。这个方法来源于心理学上的

情绪 ABC 理论和以此为基础的合理情绪疗法 / 认知行为疗法。

## 情绪ABC理论

该理论是由美国心理学家阿尔伯特·埃利斯（Albert Ellis）创建的。该理论认为，激发事件 A（activating event 的第一个英文字母）只是引发情绪和行为后果 C（consequence 的第一个英文字母）的间接原因，而引起 C 的直接原因则是基于个体对激发事件 A 的认知和评价而产生的信念 B（belief 的第一个英文字母）。也就是说，人的消极情绪和行为障碍结果（C），不是由某一激发事件（A）直接引发的，而是由基于经历这一事件的个体对它不正确、不客观的认知和评价而产生的错误信念（B）直接引起的。错误信念也被称为非理性信念。

A 是事情的前因，C 是事情的后果，有前因必有后果，但是有同样的前因 A，可能会产生不一样的后果 C1 和 C2。这是因为在前因和后果之间，一定有一座桥梁 B，这座桥梁就是信念和我们对情境的评价与解释。正是因为在同一情境（A）之下，不同人的信念以及评价与解释不同（B1 和 B2），所以会得到不同的结果（C1 和 C2）。因此，事情发生的一切根源缘于信念（信念是指人们对事件的想法、解释和评价等）。

情绪 ABC 理论的创建者埃利斯认为：正是由于人们常有的一些不合理的信念，我们才会产生情绪困扰。如果这些不合理的信念存在，久而久之，还会引起情绪障碍。

所以，一旦发现自己开始担心、焦虑，你就要问自己：我能确定的实际情况是什么？我假设了什么？还有什么备选解读方案吗？已经发生的不幸事件无法逆转，但你在挑战自己、改变思路时，会发现你的假设太过主观，事情其实比你想象的更让人乐观。在客观认知和乐观情绪的帮助下，你很容易从当下的挫败中解脱，满血复活，再次感到精力满满，从而可以重新出发。

### 注意点

“情绪事件重估表”中体现的思维方式，能让你主动练习从不同的角度看待同一个问题。其背后的逻辑就是心理学中的合理情绪疗法 / 认知行为疗法：通过客观分析将你对一件事情的认知改变，继而相应地改变这件事对你的情绪影响。这个表格能帮助你打破原本的不合理信念。

“情绪事件重估表”的使用是一个渐进的过程，需要刻意练习。一开始你需要详细、深入地思考并写下每个步骤；随着你越来越常进行这个练习，你“从其他角度看问题”的能力会越来越娴熟，表现出来的就是你不再像以前那么情绪化，而是“转念一想”就能想通，甚至从事件一开始就能用“旁观者视角”和“未来视角”客观地进行思考。到了这个时候，你会发现，同样类型和程度的事件，对你情绪的影响大大减弱了，甚至降到了零，这会大大减少你的精力消耗，提高精力水平。

## 4.3 寻求“良性压力”，科学管理焦虑

在精力管理的情绪管理部分，我们无法逃避的一个话题，就是压力。压力和压力感与精力的关系非常密切，学会处理压力的正确方式，对帮助自己增加精力储备非常关键。

压力本身并不都是坏的，大家都有过如下的体验。

（1）适当的压力给自己带来了紧迫感，促进了效率的提升。

（2）在压力下迅速积极地行动，找到解决方案。

当然，大家也常有如下的体验。

（1）压力过大，让自己喘不过气来，却又不知道从哪里做起，忙得一团糟，焦虑极了。

（2）直接因为压力太大而陷入消极，干脆采取“鸵鸟策略”，被动拖延。

那么到底应该怎样科学地利用和管理压力呢？实际上，压力是有良性压力和恶性压力之分的，如何主动控制压力的性质和程度，如何巧妙

地利用心理学原理不断把恶性压力转化为良性压力，从而促进高效行动，是本课的重点。

## 两种不同的压力对精力的影响截然不同

先看一个发生在学员身上的故事。

已经晚上 12 点了，小 Q 正在构建一个复杂的财务模型。在她的面前，一共摆着 18 张表格。一天下来，她的神经因为过度紧张，已经疲惫不堪。在过去的一周里，小 Q 平均每天睡 4~5 小时。计算显示，模型出现了错误，她却不知道问题何在。所有的东西都一团糟，让她头昏眼花。今晚又是加班，两个小时已经过去了，问题还没有得到解决。一想到明早 6 点就得起床，而现在自己还没有准备休息，小 Q 又担心起自己的身体。她觉得再这样下去自己要崩溃了，她感觉压力像夜晚的黑暗一样向自己袭来。

人类面对压力时的3种反应

这个故事是小 Q 初入职场时真实发生过的事情，恐怕许多职场新人都有过类似的体验。这样的压力会持续几周，甚至更长的时间。在这种状态下，人们的睡眠质量通常很差，因为疲劳和焦虑，工作表现也差强人意。然后人们可能会开始犯一些低级错误，这会更让人没有成就感，焦虑不安，压力满满，思维受限，盲目行动，缺乏思考，最终失去掌控感。结果就是工作效率显著下降，精力水平持续降低，陷入恶性循环。

你一定听过心理学对人类“压力”的解读：原始人在面对比如危险动物的威胁时，身体会出现 3 种可能的反应——战斗，僵住，逃跑。

- 战斗意味着你将调动自己全身心的能量，用最大的力气、最快的反应速度来应对眼前的威胁。

- 僵住意味着你初步评估自己无法克服眼前的威胁，但是又已经没有力气逃跑了，于是就“原地僵住不动”或者直接“吓呆了”。
- 逃跑意味着你判断自己无法克服眼前的威胁，于是“走为上策”，迅速逃走以摆脱危险的处境。

上述面对压力时的 3 种反应都会消耗我们的精力，而显然，第一种反应似乎有一定的积极意义，好像能让我们的战斗力增强。所以说，有压力并不一定是坏事。

从心理学的角度看，压力可以分为良性压力和恶性压力。良性压力可以激发我们的能量，增加精力储备。在良性压力状态下，你的心率和血压会上升，流向大脑和四肢的血液增多，这促使你进入备战状态。同时，更多葡萄糖被输送至血液，特定激素得到释放，精力奔流而出。也就是说，良性压力是有积极意义的，可以帮助我们更科学地调动身体器官的能量，以策略性地发挥功能，有非常好的提振精力的效果。而且，压力和精力的关系，就像锻炼和你的肌肉的关系一样。良性压力能够增加你的精力储备，如同合理的锻炼会让你的肌肉更强壮；而恶性压力会降低你的精力水平，就像不科学的锻炼会使你的肌肉损伤一样。

那怎么区分良性压力和恶性压力呢？

首先，良性压力应该是可承受的，而不是把你压垮。也就是说，给你良性压力的事情应该是你通过努力“跳一跳”就可以解决的。如果压力大到你无法承担，给你带来这种压力的事情你无论如何也不能解决，那这种压力对你来说就不再是良性的了。这个时候你最好重新审视自己的目标或别人的要求，或者干脆先把这件事放到一边。

其次，良性压力是暂时的。如果压力是暂时的，那么尽管在应对压力的过程中，你的精力会被消耗，但是压力消失之后，只要你好好休息，你的精力就会得到补充。这种压力刺激下精力周期性的消耗和补充，可以提高你精力的整体水平。这种暂时的压力才是良性压力。反之，如果压力是持续的、慢性的、无法消除的，那它就会成为恶性压力，这样的压力会让精力持续消耗而得不到补充，让你疲惫不堪。

## 使用良性压力四步转化法，主动寻求良性压力以提振精力

从精力管理的角度来看，面对压力，我们不应该一味回避，而是需要区别对待良性压力和恶性压力。主动寻求良性压力是精力管理的一个重要原则，它对我们精力储备的增加有显著的作用。

在面对压力时，你可以使用“良性压力四步转化法”将其转化为良性压力。

**第一步，倾倒“垃圾”。**

准备一张纸和一支笔，先简单地倾倒一下大脑里的“垃圾信息”。写下此时此刻你大脑里所有的想法。你可以利用以下提示帮助自己思考。

- 所有你需要做的事情。
- 目前你担心和忧虑的所有事情。
- 你希望对话的人。
- 目前你面临的问题和挑战。
- 所有你说过想做却还没有做的事情。
- 让你生气、“抓狂”的人。

一直写，直到你觉得没有东西可写的时候，书写才算完成。

以前文中小 Q 的情况为例，她可以在第一步这样写。

- 所有我需要做的事情：
  - 尽早把这个财务模型交给老板，最好这周四一早就直接摆在他办公桌上。
  - 采用规律的生活作息，尤其是要改掉熬夜的习惯。
  - 提高白天的工作效率，尽量不加班，使自己下班后能有自己的时间。
  - 减肥。
  - 找专业人士做一份好的职业规划。
  - 学习沟通技能和项目管理技能，成为这方面的高手。
- 目前我担心和忧虑的所有事情：
  - 财务模型做得不好，老板不满意，批评我、骂我。

- ◆ 自己工作能力差，被否定。
- ◆ 老板对我不满意，最终可能会让我走人。
- ◆ 连续熬夜，导致身体受影响，甚至生病。
- ◆ 最近压力大，频繁暴饮暴食，结果长胖、变丑。

- 我希望对话的人：
  - ◆ 想和闺密对话，聊近期的工作压力和自己的无奈。
  - ◆ 想和妈妈对话，聊开心的事，比如什么时候回家过年。
  - ◆ 想和老板对话，聊自己工作量太大以及需要指导，请他不要总发脾气。
  - ◆ 想和学长对话，听听他对我工作和状态的建议。
  - ◆ 想和一位职业规划咨询师对话，听专业的旁观者为自己分析。
- 目前我面临的问题和挑战：
  - ◆ 财务模型有一个卡点，做不下去。
  - ◆ 怎样做可以减轻工作压力对自己情绪的影响。
  - ◆ 怎样能有心情尽快开始和减肥塑身相关的事。
  - ◆ 怎样能有好的行动力，执行自己的计划。
- 所有我说过想做却还没有做的事情：
  - ◆ 在工作中能独当一面，被老板和同事夸奖、认可。
  - ◆ 减肥。
  - ◆ 规律生活，养成自律的习惯。
  - ◆ 自驾旅行。
  - ◆ 找个男朋友。
- 让我生气、“抓狂”的人：
  - ◆ 生气时略暴躁的老板。

第二步，“垃圾”分类。

当你写完所有的事情后，通读清单，筛选出对你来说重要的事情，然后把它们分成两类：第一类是你感觉可以完成的事情；第二类是你认为现在完成不了、解决不了，或者做起来比较费劲儿的事情。

我们继续以小 Q 为例，她认为上一步清单中的每件事都很重要。接下来，她可以基于这个清单列一个双栏表，把这些问题分成两类。

| 感觉可以完成的事情 | 现在完成不了、解决不了，或者做起来比较费劲儿的事情 |
|---|---|
| 所有我需要做的事情：<br>◆ 尽早把这个财务模型交给老板，最好这周四一早就直接摆在他办公桌上<br>◆ 采用规律的生活作息，尤其是要改掉熬夜的习惯<br>◆ 提高白天的工作效率，尽量不加班，使自己下班后能有自己的时间<br>◆ 学习沟通技能和项目管理技能，成为这方面的高手<br>目前我担心和忧虑的所有事情：<br>◆ 财务模型做得不好，老板不满意，批评我、骂我<br>◆ 自己工作能力差，被否定<br>◆ 老板对我不满意，最终可能会让我走人<br>我希望对话的人：<br>◆ 想和老板对话，聊自己工作量太大以及需要指导，请他不要总发脾气<br>目前我面临的问题和挑战：<br>◆ 财务模型有一个卡点，做不下去 | 所有我需要做的事情：<br>◆ 减肥<br>◆ 找专业人士做一份好的职业规划<br>目前我担心和忧虑的所有事情：<br>◆ 连续熬夜，导致身体受影响甚至生病<br>◆ 最近压力大，频繁暴饮暴食，结果长胖、变丑<br>我希望对话的人：<br>◆ 想和闺密对话，聊近期的工作压力和自己的无奈<br>◆ 想和妈妈对话，聊开心的事，比如什么时候回家过年<br>◆ 想和学长对话，听听他对我工作和状态的建议<br>◆ 想和一位职业规划咨询师对话，听专业的旁观者为自己分析<br>目前我面临的问题和挑战： |

| | |
|---|---|
| ◆ 怎样做可以减轻工作压力对自己情绪的影响<br>◆ 怎样能有心情尽快开始和减肥塑身相关的事<br>◆ 怎样能有好的行动力，执行自己的计划<br>所有我说过想做却还没有做的事情：<br>◆ 在工作中能独当一面，被老板和同事夸奖、认可<br>◆ 自驾旅行<br>◆ 找个男朋友<br>让我生气、“抓狂”的人： | 所有我说过想做却还没有做的事情：<br>◆ 减肥<br>◆ 规律生活，养成自律的习惯<br>让我生气、“抓狂”的人：<br>◆ 生气时略暴躁的老板 |

对于第一类事情，你应该想一想完成它们所需要采取的行动，例如，你需要进行的对话、实施的行为、解决的问题、做的调查等。找一张纸，把你要采取的行动用前面第 2 课讲过的“具象化可执行意图表”写下来。

限于本书的篇幅，我们仅以小 Q 列出的两个需要做的事情为例。

小 Q 的具象化可执行意图表 1 如下（见表 4-3）。

**表 4-3　小 Q 的具象化可执行性意图表 1**

| 目标是什么 | 可以做什么 | 涉及谁 | 在哪里做 | 什么时候做 | 完成的最后期限 | 是否完成 |
|---|---|---|---|---|---|---|
| 找专业人士做一份好的职业规划 | 去某咨询平台上约一位职业生涯规划咨询师，寻求专业指导 | 小 Q 自己以及专业咨询师 | 在公司楼下的咖啡厅 | 本周五的下午 | 两周内 | |

小 Q 的具象化可执行意图表 2 如下（见表 4-4）。

**表 4-4 小 Q 的具象化可执行性意图表 2**

| 目标是什么 | 可以做什么 | 涉及谁 | 在哪里做 | 什么时候做 | 完成的最后期限 | 是否完成 |
|---|---|---|---|---|---|---|
| 自驾旅行 | • 看看接下来半年内的工作安排和假期安排，排出一周的旅行时间<br>• 约志同道合的朋友一起制订出行计划 | 小Q自己以及共同出游的朋友 | 现在住在重庆，这次打算去稻城亚丁旅行 | 季度末财务创新项目完成之后的那个周末（需要提前申请年假） | 半年内 | |

这两张具象化可执行意图表非常清晰地把小 Q 判断为“自己可以完成”的事情转化成了行动方案，而这两个行动方案也让小 Q 备受鼓舞，她希望能尽快约到咨询师来做个科学的职业规划，同时打电话给闺密，开始和闺密共同筹备未来半年内的自驾旅行。

以上是对你认为“自己可以完成”的事情的处理方案。接下来，对于第二类事情，也就是那些你认为现在完成不了、解决不了，或者做起来比较费劲儿的事情，该怎么办呢？我们需要进行第三步行动。

第三步，将第二类事情转化成疑问。

这一步很关键。

当把一件看似不能解决的事变成疑问时，你就会尝试回答，尝试回答的过程就是你努力解决它的过程。

把第二类事情中的每一件事情的相关疑问写下来，如果你能遵循步骤，找到每个问题的答案，那么事情就迎刃而解了。

你可能会自己想出解决问题的方案，也可能会从与别人的对话中获得灵感。通常情况下，解决问题最简单的方法，是向帮得上忙的人求助。现在，想一想你可以与谁讨论这个问题的解决方法。他有可能是你的朋友、同事或者你信赖的人，如老板、合作伙伴、家人等。

将第二类事情转化为“连环问”的“套路”如下。

◆ 要完成这件事，我需要哪些条件和帮助？

◆ 哪些条件是现阶段不具备的？我该怎么做才能让条件更充分？

◆ 我该向谁寻求帮助？

◆ 我还可以向谁寻求帮助？

◆ 可能存在什么风险？

我们继续选取小 Q 的案例中一个她感觉无法解决的问题来学习这个步骤的做法，见表 4-5。

**表 4-5 以小 Q 的案例为例学习第三步的做法**

| 举例：财务模型有一个卡点，做不下去，也查不出错误所在 | |
|---|---|
| 针对“现在解决不了的事”提出问题 | 可能的解决方案 |
| • 要完成这件事，我需要哪些条件和帮助？ | • 马上提升自身财务模型设计能力<br>• 找资深同事帮忙<br>• 直接告知老板遇到了困难，解决不了，寻求他的理解和指导 |
| • 哪些条件是现阶段不具备的？我该怎么做才能让条件更充分？ | • 马上提升自己的设计能力有点困难——但可以将其列为未来半年的工作发展目标<br>• 不知道团队里哪位同事在设计模型方面比较有经验——可以去打听打听<br>• 向老板提问有顾虑，担心被贴上能力差的标签——这个还没想好怎么解决，不知道职场中该不该直接向老板求助；也许可以问问上次在微信群里分享职场发展经验的学长到底该怎么与老板相处 |
| • 我该向谁寻求帮助？ | • 参加财务模型设计培训，自学网上的课程，向有经验的前辈进行on-job-learning（工作中学习）等 |
| • 我还可以向谁寻求帮助？ | • 去专业的平台找咨询师了解 |
| • 可能存在什么风险 | • 寻求帮助会被老板或同事觉得我能力差，不能完全胜任工作，从而感觉被否定 |

通过这一“连环问”，我们可以发现，小 Q 对她脑海中“模糊的压力”有了清晰的描述，这个描述的过程就是她的思考过程（还记得我们前面强调的吗？大脑对于“疑问”有尝试回答的本能，这个回答过程就是大脑的思考过程）。

第二步中的“具象化可执行意图表”和第三步中的“连环问”都是在促进我们大脑的“慢思考”，把潜意识里的模糊思路整理成可以执行的行动方案，这样的话，即使不能立刻找到解决方案，也提供了可能的解决思路和行动指导，以及我们可以向谁寻求帮助。

### 什么是快思考，什么是慢思考

快思考和慢思考是著名心理学家、行为经济学家丹尼尔·卡尼曼先生提出的，这一理论认为：人类的大脑有两套思维系统，可以分别称为系统 1（快思考）和系统 2（慢思考）。系统 1 进行的思考和判断是本能的、快速的、直觉式的；系统 2 进行的思考和判断是理性的、较慢的、分析性的。显然，系统 2 更有利于我们做出理智的决定。

在小 Q 的例子中，她无法解决财务模型的问题，这让她在本能上对自己产生了否定，同时她也本能地认为如果求助别人，就会被贴上能力差的标签，所以不敢行动。这些都造成了她的焦虑，时间长了会形成恶性压力。采用良性压力四步转化法，她写下和向自己提问题的过程，就是在不断用相对理性、分析性的方式促进大脑思考，从而使自己能更冷静、更客观地看待问题，并找到解决方案。

第四步，设定行动期限。

到了这一步，事情的解决方案已经初露端倪了，接下来要做的就是针对这些目标去行动。还记得我们在第 3 课里讲过的帕金森定律和事件边界制定法吗？这时候就要用到这个工具来促使我们专注于解决方案和行动了。

规划采取行动的具体时间，回答每一件事情对应的每一个疑问，并给每个行动设定完成的最后期限。想好了可以向谁求助，需要满足什么条件，就直接行动吧。你会发现你在行动的时候，会带着这种已有解决方案“半成品”的良性压力和寻找问题解决方案的快感；同时，随着疑问一个一个地被回答，你会获得成就感，感到被激励与精力充沛。

以上就是良性压力四步转化法。你看出来了吗？应用这一方法的过程，其实就是一个帮你细致梳理带来压力的事件，并且尽量把它们转化为可完成的、有期限的行动的过程。这样的压力就是良性压力，在这种压力下，你会更多地感到被鼓舞，想解决问题，想试试自己预想的做法是否可行，而不会再陷入刚开始的那种“顾虑、笼统、不清晰且四处弥漫”的压力中。

## 如何应对恶性压力

当然，在工作和生活中，并不是所有压力都可以转化为良性压力的。比如，完成上面的四步法，你可能会发现在自己列出的第二类事情里，有的事情你现在很难采取有效行动来推动解决，甚至现在的你根本

你的压力，就属于恶性压力。

我们的态度是“找出来，干掉它”的话，那

恶性压力，你要做的就是适当地释放它，给

以帮你舒缓恶性压力。

倾诉。

友倾诉有帮助的话，请明确告诉他们你在倾

你的感受和事情背后的原因之前，不需要给

我能跟你说说烦心事吗？”对亲密的朋友，

在还不需要你帮我解决问题，只要你点头

我心里舒服，就可以了。”

诉限定一个时间（这也相当于在用事件边

）。比如，你可以限定打电话和朋友聊 20

到，闹钟就会响起，提醒你“回到现实”，

你带来压力的事情可以缓解压力，但聊的

种压力感，于事无补。所以不要无限制地

（2）公开说出来。

面对压力，如果能够承认压力的存在，并坦诚地说出来，就是一种

很好的释放。

比如，某个项目给你带来了巨大压力，开会前，你的紧张情绪一触即发，你可以试着在开场时说："现在大家感觉很艰难，是不是？我们想想怎么做才能一起改善呢？"几乎可以肯定的是，房间里的人都会在心里长舒一口气，因为你正视了问题，并把这件事放在了阳光下。这种"敞亮"会让每个人产生共鸣，从而都平静下来。

或者你也可以把关系好的同事聚到一个房间里，直接问他们最担心的是什么。你甚至可以做说出内心顾虑的第一个人："这个项目没有胜算，我有点担心这之后我们部门的效益会大幅下降。"随后你会发现，大家都开始畅所欲言，这种发言让大家有了对彼此的归属感，同时每个人的压力感都减轻了。

这就像大家一起去唱 KTV，一开始谁也不好意思第一个拿起麦克风，这时候如果有个"唱歌并不怎么样，但是胆子很大"的同事先拿起来唱了两句，唱得不好听……没错，但是气氛被他炒热了，大家会感到"大家都一样，唱得一般般也没关系的"，从而陆续加入进来。这就是一种有归属感的群体效应。

（3）针对说出来的情况提出能引发积极思考的问题。

坦诚发言不只是为了发泄，还是在为寻找解决方案做准备，从源头真正去除压力。很多研究发现，积极正面的心态更容易帮助我们克服不利情况。但问题是，当你为工作上的麻烦而感到焦头烂额、压力重重时，如何保持积极的心态？这时候就需要主动提出能引发积极思考的问题，也就是"积极的问题"。

积极的问题可以给我们的大脑发出奖励信号，这种奖励源于学习新东西，获得胜任感或使命感的深层心理需求。积极问题能让你的大脑“打开探索频道”，更清楚地看到应该如何迈过前路上的心理障碍，同时让周围和你一起奋战的小伙伴也感到大家有能力解决问题，以此来提升团队的工作表现。

试试下面的积极问题，看看因工作上的事情精疲力竭的时候，下列哪个“积极问题”最有效。

- 遇到困难很正常，而且可以帮助我们锻炼解决问题的能力，太棒了，我能从中学到什么？

  人类的大脑会认为学习新东西是一种奖励，探索的过程会带来愉悦感。你可以用提问的方式提醒自己的大脑进行探索，从而让它不再专注于压力，而是感受到好奇和快乐。

- 曾经的严酷考验教给过我什么呢？哪些可以用在当下的困境中？

  这个问题能促使你回想以前积累的技巧和经验，以及这些经验是如何让你渡过难关的，你可能会因为这些成功的经历而茅塞顿开，找到应对当下的境遇的方法。

- 真正重要的是什么？

  针对复原力的心理学研究发现，使命感能将人们从压力中解放出来。我们可以花一点时间想想大局。思索这些能够让我们看清到底什么才是应对困境的最好办法。

- 当下我真心希望发生的是什么？

  列出你希望看到的情境，这其实就是你想要的结果，从结果倒推解决方案和实现解决方案所需的条件。

（4）划清确定性与不确定性的界限。

工作和生活中永远充满不确定性。这种不确定性就是我们很大的压力来源。

这个月销售量能否达标？我能不能赢得那个重要的晋升机会或吸引到新客户？我会不会找到一个珍爱一生的人？对于人类的大脑来说，不确定性是消极的，这种消极和负面的结果一样让人不舒服，所以我们要想方设法避免不确定性。

其实每件事情的不确定性程度都是有限的。不确定的只是整个情况中某些具体、特定的部分。就像我们观看精彩的悬疑电影时，导演和编剧会确保有很多东西我们并不知晓，但我们确信的是，在可预见的两小时内，一切谜题都会解开的。

心理学研究显示，喜欢玩躲猫猫的婴儿也是如此。只有在一些游戏元素保持不变时，婴儿才会觉得游戏有趣，比如，躲起来的和再次出现的是同一个人，并且他再次出现的位置也要和之前所在之处大致相同。如果换别的人出现，或者那个人每次都会随机地从一个和之前完全不同的地方跳出来，那么婴儿将不会笑得那么开心。

这些研究结论就我们如何安然度过不确定性高的紧张时期提出了建议：你需要学会给不确定性划出清晰的界限——

越是明确化、清晰化我们已知的确定的事情，那么在大脑看来，剩下的模棱两可的事态就越容易管控。这会缓解大脑的紧张和压力程度，让我们就下一步的有效行动做出更明智的选择。

所以，不论现实情况有多混乱，要想方设法找到一些我们能确定的事情。

在面临危机、承受压力时，我们可以多强调还没有被变化和动荡影响到的那个部分。比如，你可以尝试去分析，也许你会发现，自己对大概 50% 的情况有些头绪，对余下 50% 的情况则没有把握，但是可以将其表达出来或做些相应的计划，至少能搞清楚你处理好这一不确定的事态的可能性有多高，处理的步骤和时限是什么。同时，你也要对个人在恶性压力下的反应加以控制，比如，你可以主动觉察情绪，选择说什么、做什么或客观地表达感受如何等。

心理学研究发现，如果专注于我们可控的因素，而不是被外界强加的各种因素干扰，面对压力巨大、混乱不堪的状况时，我们会拥有更强的复原力。

2020年年初，全民抗击新型冠状病毒疫情期间，这种短期内无法控制、危险无处不在的疫情无疑是笼罩在每个人心头的阴霾，带来了巨大的压力。

但是，当时国人并没有陷入绝对的恐慌，因为我们很清楚地知道：

- 国内的新冠疫情已经出现可控的趋势。
- 我们的国家正在举全国之力全力应对疫情。
- 各地民众齐心协力地用捐助、支援、发声等各种方式帮助疫区同胞渡过难关。
- 虽然疫情对线下实体经济的影响已经不可避免，但是我们可以通过很多线上的业务来尽量弥补损失。

……

这些“不确定的大环境”中的“确定性因素”就是帮助我们对抗压力的盾牌。

明确了这一点，在面对恶性压力的时候，你就能在一团乱麻中，先集中精力于几件熟悉、可控、确定的事情。随着这几件事情的解决，你的压力感会降低，精力状态会明显好转，这对进一步缓解压力，进而改善整体状况很有帮助。

给不确定性划出的界限越清晰，那么在大脑看来，剩下的模棱两可的事情就越好管控。这会有效缓解大脑的紧张和压力程度。

**注意点**

良性压力是我们需要经常寻求的东西，不断地给自己“创造良性压力”是一种能力。这与我们要在“学习区”才能高效地学习，达到更高水平，要让自己“适当走出舒适圈”才能有成长，是一样的逻辑。

恶性压力有时候靠个人力量无法化解，所以不要一味地自己一个人憋着。学会“走出去”“说出来”，也是一种有效改善自己情绪的能力。

## 4.4 用好“精力缓冲阀”，轻松续航全天精力

在这一节中，我要教给你一套系统的“一日精力缓冲阀”，来帮助你在一天里及时缓解压力、恢复精力。这是一系列经过设计的小活动、小动作，它们能够帮助你及时调动和补充精力，缓解压力。

一套完整的“一日精力缓冲阀”，一共包含 26 个具体的“缓冲阀”，分别安排在早晨醒来、上午上班、中午休息、下午上班、晚上睡前 5 个时间段。下面，我就按照时间顺序，分别为你详细讲解。

### 早晨醒来：5 个缓冲阀

早晨醒来，最重要的是让自己清醒，并以积极情绪开始应对新一天的挑战。所以早晨的精力缓冲阀以舒缓、过渡和调动积极情绪的减压动作为主。具体来说，包含下面 5 个精力缓冲阀。

（1）醒后静躺 5 分钟再起床。

早晨醒来，不要让自己被闹钟叫得跳起来，也不要着急起床。醒了之后安静地躺 5 分钟再起床。

（2）做积极情绪启动操，具体做法如下。

- 坐起身，深呼吸，放松身体，闭上眼睛，双手放在大腿上，感受你的身体，感觉你的呼吸。在保持这个姿势的同时做 5 组深呼吸，并尽量放空大脑（先不要思考今天的任何工作内容）。
- 下床，站直身体，把双手举过头顶，尽量向上延伸，深呼吸，感受身体和呼吸。用心感受心灵的平静悠远，感受自己稍快的心跳，略微发热的身体。在保持这个姿势的同时做 3 组深呼吸。
- 把手放下来。回忆自己最近的小成就，把右手放在胸口，感觉自己的心跳，重新体会当时的幸福和喜悦。闭上眼睛，回顾自己以前在解决棘手问题的过程中展现的能力。深呼吸，感觉能量通过心脏跳动传递到全身。在这种思绪下做 3 组深呼吸。
- 把右手放下来，想一想：你的身体、工作、事业、关系，你都满意吗？有什么需要改善的吗？让均匀有力的呼吸和心跳给予你力量。用你的智慧、热情、勇气、耐心、善良以及你内心的种种力量，去影响和改善这一切。在这种思绪下做 3 组深呼吸。
- 继续深呼吸。仔细思考一下你对人生价值的排序，你一生中最重要的 3 个目标是什么？你想取得怎样的事业突破？你想建立一个怎样的幸福的家庭？你想达到怎样的个人状态？你这周的工作目标是什么？想象你已经在追逐这些目标的途中了，你能看到、触摸到、感受到目标正在被实现，想象你的快乐、兴奋和满足。在这种思绪下做 3 组深呼吸。
- 睁开眼睛，拥抱必将饱满、充盈的一天。

（3）专心上厕所。

不带手机进卫生间，安静地上厕所。

（4）利用洗脸和刷牙的时间。

认真仔细地洗脸，并凝视镜子里的自己，持续至少 30 秒；然后在刷牙的同时，适当做一会儿蹲起或者腿部拉伸运动。

（5）认真吃早餐。

一周选择至少 3 天，坐下来慢慢地吃早餐。

至此，启动好情绪，完成早晨的洗漱、整理和早餐，你准备出门上班了。

## 上午上班：6 个缓冲阀

上午上班阶段有 6 个精力缓冲阀，能让你在高效工作的同时还能感到张弛有度、精力充沛、元气满满。

（1）走一段路到公司。每周抽出两天时间，在上班的途中走一小段路。比如你上班需要坐 10 站地铁，那你可以提前一站下地铁，走路到公司。

（2）在上班路上冥想。在出租车、地铁上（哪怕你是站着的）闭目冥想 10 分钟，或默数自己的呼吸 15 组。

（3）做眼部放松操。工作两小时左右做一遍眼放松操（或者远眺 5 分钟）。

（4）做肌肉放松操。工作两小时左右做一遍肌肉放松操。

按摩师一定告诉过你，你的肩膀和背部因为紧张而变得很紧绷，很多人都是如此。当人们觉得疲劳、压力大、精力不济时，身体会变得紧绷。你的肩膀会向耳朵的方向耸起来，拳头也会不自然地紧握。当感到有压力的时候，你甚至可能会紧缩下颌，咬紧牙关。

如果你感觉自己坐久了，肌肉疲惫而紧张，那么你可以花几分钟时间，利用一个渐进式的肌肉放松法来放松一下。方法如下所示，请一定跟着我说的一步一步做。

- 首先你需要在心里默想：从头到脚，身体的肌肉先紧绷再放松。像念清单一样检查身体的各个部位，消除紧张感。
- 绷紧面部和下巴的肌肉。绷住脸，咬紧牙关几秒，然后放松。
- 让下巴松弛，有意识地放松脸颊、额头和眼睛周围的肌肉。
- 接下来肩膀、后背、胸部和手。在头脑中想象你将这些肌肉一点一点地放松下来。
- 握紧拳头，紧绷上半身的肌肉，就像在准备用拳猛击某人那样。紧握几秒后放松。
- 然后是肚子。用尽全身的力气绷紧肚子，然后放松。再到臀部，绷紧几秒再放松。
- 将注意力集中到大腿上。把脚放在地上，双膝并拢以绷紧大腿。最后是脚。把脚趾缩成一团，保持几秒再放松。

这些肌肉训练需要练习，直到熟练掌握每个步骤为止，而且要让自己在任何情境下都可以很自然地做到这一系列动作。这套动作随时随地可以使用，不管是在去见客户的出租车里，还是在演讲前。一旦习惯了这个肌肉放松法，你就可以将它与腹式呼吸结合起来，效果更好。

（5）主动花 5 分钟回顾上午的工作。快到午饭时间，不要等到同事三喊五喊了，你才急匆匆扔下手头写了一半的报告、幻灯片、Word，冲出去吃饭；而要在上午快结束时，留出 5 分钟，安静地思考一下自己这个上午具体忙了什么，把完成每件事情相应的时间段记录到你的日程表里。

（6）主动花 5 分钟思考下午的安排。回顾完上午的工作后，简单想一下自己下午要做的事情，看有没有什么需要调整的，再去吃午饭。

## 中午休息：3 个缓冲阀

到了中午，最重要的是让自己明确意识到一天过去了一半，可以进行短暂的调整、歇息，并准备投入下午的战斗。所以中午的减压动作以更换大脑关注点、适当做体能运动、缓解大脑压力为主要目的，具体包括下面 3 个“精力缓冲阀”。

（1）饭前放松时间。午餐时花 10 分钟阅览一下朋友圈，看看八卦，主动跟同事聊聊开心的事。不要急切地讨论上午的工作内容。相信我，吃完饭两个人专门找个地方就工作聊十几分钟，更有效率。

（2）饭后 15 分钟室外活动。饭后到公司楼下走一走，定个闹钟，走上 15 分钟左右，再返回办公室。在这个过程中，你可以跟同事聊天，也可以自己一个人听音乐。重点是要在室外，尽量晒着阳光，使你的视野尽量广阔一点，多走走路。

（3）发呆 5 分钟。回到办公室，不要着急打开上午没做完的 PPT，请捧一杯热茶，坐在计算机前，定一个 5 分钟的闹钟，什么都不做，就发呆，等着闹钟响。然后再开始工作。

## 下午上班：6 个缓冲阀

进入下午，最重要的是让自己明确意识到一天的工作进入了下半段，中午短暂调整之后，要重新开始全情投入，并且要能保持与上午一样精力充沛的状态。因为下午更容易疲惫，所以下午的减压动作以及时调整、休息、缓冲、补充大脑养分，并在下班前进行大脑节奏调整为主。具体包含下面 6 个动作。

（1）会议前后放松。每次会议前后，做 5

分钟简单的身体放松运动。

（2）下午茶时间。留出下午茶时间，缓慢吃一些坚果或者到楼下咖啡店坐 15 分钟，同样是定好闹钟，坐下来什么都不想，可以稍微玩玩手机，等着闹钟响。

（3）短平快呼吸操。工作间歇，可以做一个短平快呼吸操，具体步骤如下。

- 先用鼻子尽力深吸一口气，最大限度地将空气送入肺部，尽可能地让肺部膨胀。因为心跳加快，可能会呼吸困难，但还是要努力深呼吸。请集中精力吸入大量空气，闭上眼睛会更容易将注意力集中在呼吸上。
- 吸气后闭气 5~10 秒。
- 在肺部膨胀的状态下闭气 5~10 秒的过程会有点难受，但请坚持，直到感觉自己已经到极限了。这时虽然身体容易用力绷紧，但是千万不要咬紧牙关，而是微微张开嘴巴。这样就能泄掉紧绷身体的力气。
- 觉得“憋不住了”时再次吸气，闭气 5 秒，然后再次吸气，让肺部充满空气。
- 扬起嘴角，从齿缝间一点一点地吐气。做出说“一”字时的嘴型，从齿缝间一点一点吐出气来。说“一”字的时候会露出牙齿，呈现最标准的笑容。试着露出最棒的笑脸，同时吐气。
- 慢慢吐完气后，心跳速度也会自然放缓。等慢慢把气吐完，应该会注意到身体各方面都有略微舒适的感觉，不那么缺氧了。这是一个很好的短暂释放身体疲劳和压力的方法。

（4）主动花 5 分钟回顾下午的工作。快到下班时间，不要一看时间不早了，惊呼“又这么晚了”，然后匆匆扔下手头写了一半的报告、幻灯片、Word，就慌慌张张冲出办公室；而是在下午快结束时，留出 5 分钟，安静地思考一下自己这个下午具体都忙了什么，把完成每件事情的时间段记录到你的日程表里。

（5）进行下班前的小仪式。回顾并在日程表中记录下午的工作之后，把桌面收拾一下，用纸巾擦一遍，倒掉水杯里的茶渣，整理衣物和包，用这种仪式感切断上班高强度忙碌的状态，转换到下班后相对轻松的状态，在心理上准备下班回家。

（6）下班路上冥想。在回家的出租车 / 地铁上，进行 10 分钟冥想。

## 晚上睡前：6 个缓冲阀

接着是回到家的晚上，这是属于自己的一段“黄金时间”。晚上最重要的是让自己明确意识到一天的工作结束了，是时候梳理一天中给你带来成就感的事，制订第二天的可持续计划，并给兴趣留点时间了，还要做好准备科学入眠、保证第二天精力的准备。下面 6 个动作供你参考。

（1）检查每日价值 - 行为解锁图。回到家，确认自己每日价值 - 行为解锁图上的事项哪些完成了、哪些还没有，没完成的那些可否在睡前完成。

（2）安静地吃晚餐。每周有至少一或两天，可以安静地吃晚餐。晚餐要注意食物构成，我在后面关于“高精力饮食”的章节里会具体讲。

（3）15 分钟兴趣时间。晚餐后，根据自己的爱好，选一件 15 分钟内能完成的事，比如画一幅小画，在今天一天学到的东西里选择自己认为最重要的内容做一个思维导图，听几首歌，等等。

（4）玩半小时手机。看看自己关心的那些话题、新闻、八卦等，定好闹钟，让自己在半小时内完成这些。

（5）睡前 10 分钟复盘。睡觉前，用 10 分钟时间对当天进行复盘，检查自己中午饭前和下午下班前回顾的工作内容是否还有需要补充和跟进的地方，并相应地制订第二天的工作和生活计划。最重要的 3 项任务一定要安排好，并一定注意要把任务分配到具体的时间段，并为每件事设定完成的时间。

（6）睡前仪式动作。睡觉前，适当做一会儿瑜伽 / 仰卧起坐 / 俯卧撑或者其他你习惯的睡前仪式动作。

以上就是一天里全部 26 个精力缓冲阀。你不是必须一个不落地做完所有 26 个动作，你可以根据自己的实际情况和习惯，选一些精力缓冲阀来实践。重要的是，在一天里，你需要有意识地按节点及时给自己减压，恢复自己的精力。

为了帮助你养成习惯，我把这 26 个精力缓冲阀做成了一个简要的表单（见表 4-6），它可以提醒你在一天的各个时段里，可以做些什么来帮助自己恢复精力。

**表 4-6　一日精力缓冲阀（共 26 个）**

| 时段 | 精力缓冲阀 |
|---|---|
| 早晨醒来（5个） | 1. 醒后静躺5分钟再起床 |
| | 2. 做积极情绪启动操 |
| | 3. 专心上厕所 |
| | 4. 利用洗脸和刷牙的时间 |
| | 5. 认真吃早餐（每周至少3天） |
| 上午上班（6个） | 6. 走一段路到公司（每周两天） |
| | 7. 在上班路上冥想 |
| | 8. 做眼部放松操 |
| | 9. 做肌肉放松操 |
| | 10. 主动花5分钟回顾上午的工作 |
| | 11. 主动花5分钟思考下午的安排 |

续表

| 时段 | 精力缓冲阀 |
| --- | --- |
| 中午休息（3个） | 12. 饭前放松时间 |
| | 13. 饭后15分钟室外活动 |
| | 14. 发呆5分钟 |
| 下午上班（6个） | 15. 会议前后放松 |
| | 16. 下午茶时间 |
| | 17. 短平快呼吸操 |
| | 18. 主动花5分钟回顾下午的工作 |
| | 19. 进行下班前的小仪式 |
| | 20. 下班路上冥想 |
| 晚上睡前（6个） | 21. 检查每日价值-行为解锁图 |
| | 22. 安静地吃晚餐（每周至少一或两天） |
| | 23. 15分钟兴趣时间 |
| | 24. 玩半小时手机 |
| | 25. 睡前10分钟复盘 |
| | 26. 睡前仪式动作 |

## 4.5 本课小结

本课中介绍的是精力能量来源中的情绪及其提升方法。

- 身体－精神回路表明，积极情绪对改善精力状态、建立积极精力循环非常有帮助。相对地，消极情绪则会消耗精力。因此我们可以利用积极情绪启动清单里提供的6个简单有效的技巧来启动积极情绪。大家可以参考表4-1所列的积极情绪启动清单（参见表4-1）。
- 两个重要时机特别需要启动积极情绪。第一个是精力的低谷期。

利用一日精力状态曲线图，你可以找到自己一天中精力的低谷期。第二个是一件事和一天的结尾。事件结尾对积极经历的作用举足轻重，峰终效应告诉我们，应该让每个任务、每一天都完结得很漂亮。

◆ 锻炼心理韧性，减少负面情绪对精力的消耗。心理韧性就是心理的柔韧程度，指在压力下管理思维和情绪的能力，也体现为抵抗打击的能力。它是我们控制负面情绪对精力的消耗的关键。我们可以通过 3 个方法来增强自己的心理韧性，分别是：用目标进行激励，设置“目标提醒页”和“目标回顾日记”；定期梳理成就事件；采用旁观者视角和未来视角。

◆ 寻求良性压力，增加精力储备。相对于恶性压力，良性压力有两个特点：第一，良性压力应该是可承受的；第二，良性压力是暂时的。主动寻求良性压力，有助于精力储备的增加。可以采用良性压力四步转化法来主动寻求良性压力。处理恶性压力的重点在于，学会区分事件中的确定性与不确定性。

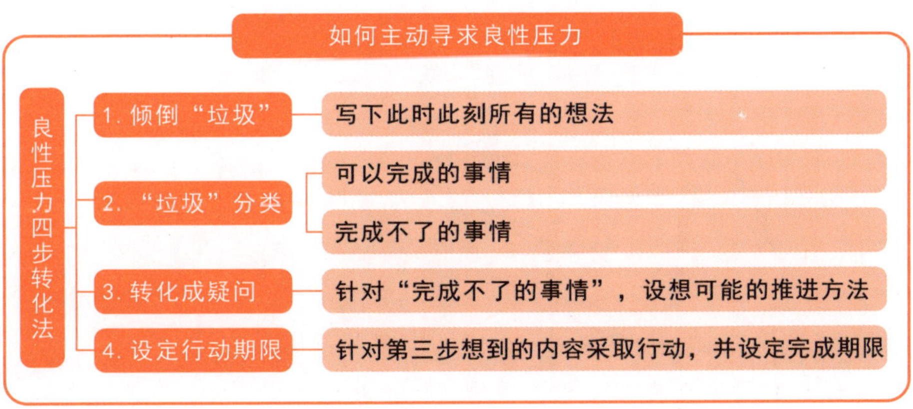


◆ 用好精力缓冲阀，强化全天的精力续航。精力缓冲阀是一系列经过设计的小活动、小动作，它们能够帮助你在一天中，及时调动和补充精力，缓解压力（参见表 4-6）。

# 5 体能

## 会吃会睡会运动，体能科学提升有妙招

体能的提升对精力提升的作用是毋庸置疑的。好的体能不仅意味着没有基础疾病，每天都感到很有力量，能有足够的体力持续高强度工作，而且意味着你的体能有一定弹性，在面对适度的压力时能迅速调整、快速应对，并能在被消耗之后通过高效休息快速恢复。

所以本课里，我会为你讲解精力的底层能量来源——体能，具体该如何管理：如何开源，怎么进行最大化的利用，怎么从饮食、运动、睡眠与休息这 3 个维度进行科学的精力管理。

## 5.1

# 高精力饮食：又瘦又美又健康

不要小看饮食在精力管理中的作用。良好的、科学的饮食习惯对于保持高精力状态有非常强大的促进作用，是基础中的基础。

### 血糖、大脑运转规律与精力效能

我们说体能是精力的基础能量来源，而饮食无疑是基础中的基础。我们都能理解饮食对于人投入各种活动的基础保障作用，但是要更深入地理解饮食和精力之间的关系，还需要知道以下几点。

（1）大脑的高效运转，需要持续稳定的血糖供应。

大脑作为一个重要的人体器官，需要的物质主要是葡萄糖、蛋白质、脂肪、维生素、矿物质等营养物质，但大脑又是一个特殊的器官，对营养的需求有一定特殊性。

大脑处在不停的工作中，它不像我们的身体，你高强度运动，比如跑步的时候，身体需要的能量就多一点；你躺在床上休息的时候，身体需要的能量就少一点。大脑不一样，要知道，即使你在睡觉、休息时，你的大脑也在不断工作，人的潜意识活动没有一刻停歇。所以大脑耗能极大，需要维持血糖稳定以保证能量供应。

大脑的高效运转，需要持续稳定的血糖供应

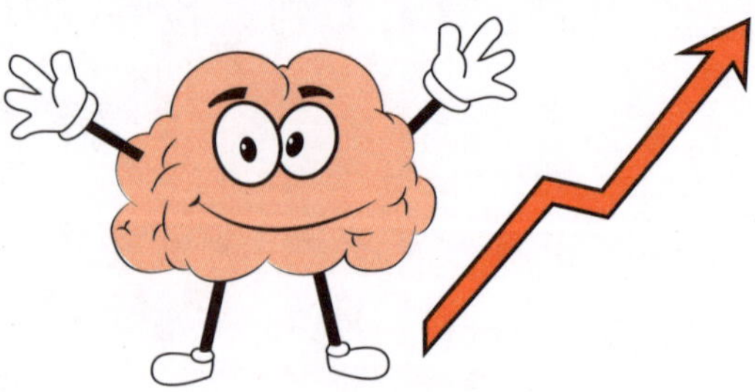

实际上，大脑是全身最依赖葡萄糖的器官，大

脑的重量只占体重的2%，却消耗了全身20%的糖。低血糖严重时，人甚至会出现晕厥症状，这就是大脑供能不足、暂时罢工的表现。也正是因为大脑对糖这么依赖，所以我们在饮食的选择上，一定需要吃升糖指数低，能够持续供能的食物。

升糖指数，全称“血糖生成指数”，是一个反映食物引起血糖升高的速度和能力的指标。高升糖食物食用后会迅速转化为血糖，比如米饭、面条等以碳水化合物为主要成分的食物，以及高油、高糖的食物，都是典型的高升糖食物，吃了这类食物，血糖将升高得很快。血糖如果上升得过快，会导致胰岛素快速地分泌，大量色氨酸进入大脑。色氨酸是合成褪黑素的重要原料，褪黑素能增强睡意，人自然会觉得疲惫。

另外，吃得太饱，大量的血液来到消化道，也会让大脑供血量降低，使人觉得疲惫。这些因素叠加在一起，很多人会觉得饭后犯困、精力不济，也就不难理解了。因此，要使自己在白天工作时间不容易感到疲惫，一定要注意白天的饮食，维持血糖的稳定。如果暴饮暴食，没有规律，或者吃了过多升糖指数高的食物，血糖就容易大起大落，精力当然不好了。

（2）维持良好的精力状态需要不饱和脂肪酸。

有一些不饱和脂肪酸我们人体无法自己合成，必须从外部摄取，这类脂肪酸对于保证我们大脑的运转和持久的思考而言非常关键，在安排饮食的时候也需要关注。

大脑因为你的思考而不断生成新的神经连接，神经元通过电化学反应将信息在大脑中传递，这个过程会涉及髓鞘。髓鞘主要由不饱和脂肪组成，比如DHA就是一种不饱和脂肪酸，它对脑神经传导和突触的生长都极为有利。这类脂肪酸就只能从食物中摄取，经过消化后通过血液传输到大脑。含必需脂肪酸多的食物，比如深海鱼、海藻、坚果、橄榄油等，可以提高我们大脑的思考效率。

（3）保持身体水分充足，对维持精力状态很重要。

人身体的70%是水，大脑的含水量更是高达80%。时刻保持身体水分充足，对于维持体能，保持大脑的运转效率非常重要。不要等到渴极了再去喝水，因为在你感觉到自己渴了之前，其实你的身体已经缺水了，而这种缺水的状态对于你维持体能和精力是很不利的。

同时，喝水不仅是在满足身体本身对水分的需要，在长时间专注工作的过程里，喝水这个动作本身，也是对自己思维的一个主动调节和切换，对快速消耗的精力的一种恢复和缓冲。

了解了这 3 点，我们平时在饮食方面具体需要怎么做，才能帮助自己提升精力水平和工作效率呢？

## 吃什么才能帮你提升精力水平

你需要注意自己吃的食物是什么。前面我们已经讲了，从精力管理的角度来说，为了维持血糖供应的稳定，你首先要注意的就是食物的升糖指数，多吃低升糖食物，少吃高升糖食物。你在网上可以很容易地找到包含各种食物升糖指数的升糖指数表。同时，你可以记住以下几点：

- 多吃绿色蔬菜，如芹菜、菠菜、西蓝花、油麦菜、豆角等。
- 优选新鲜水果、豆类、坚果等。
- 薯片等油炸食品，热量高、营养少，尽量控制食用的量。
- 米、面、甜食基本上全是高热量食物，很容易快速转化为血糖，营养含量很低，应尽可能地降低食用的概率和量。

将以上几类食物的摄入量化，你可以每天摄入 50% 的蔬菜水果、20% 的坚果、20% 的肉类、10% 的主食。

在这个比例的基础上，你还需要注意摄入不饱和脂肪酸。你可以从下面这些食物里获得不饱和脂肪酸。

- 蔬菜：比如大蒜、洋葱、大葱、花菜、韭菜、姜、萝卜、西红柿、冬瓜、海带、紫菜等。
- 豆类：比如黄豆、赤小豆、绿豆、蚕豆、豌豆、芸豆。
- 鱼类：比如各种深海鱼。
- 水果：比如石榴、苹果、山楂、橘子等。

## 怎么吃才能帮你提升精力水平

**（1）合理安排用餐频率。**

少吃多餐是基本原则。把原来三餐要吃的食物，合理分摊到五餐或六餐中，对你在一天里保持精力很有帮助。具体建议如下。

- 早餐：起床后半小时左右吃，而且一定要吃，但不要吃太饱，食物以高蛋白和高纤维的为主，例如蛋、奶类，搭配少量的蔬菜、水果。
- 上午和下午的茶歇时间：上午10点多和下午4点多，血糖开始下降，大脑运转不足，需要补充能量。这时可以吃一些零食，包括水果、酸奶、各种坚果、沙拉。
- 晚餐：晚餐时间因人而异，睡前两小时不建议进食。晚餐可以少吃一些碳水化合物，搭配鱼肉或蔬菜。

（2）合理安排喝水的频率以保持精力。

成年人一天需要摄入两升水左右，建议按下面的频率喝水，以保持和及时恢复精力。

- 早饭之前，喝一杯（约300毫升）淡蜂蜜水、柠檬蜂蜜水或者温水。
- 上午上班时，准备好两杯水（约600毫升），在工作的间歇，或每隔十几分钟端起水喝几口。这样喝的好处是水分都会被你的身体均匀吸收掉。有的人忙起来不管不顾的，等到感觉特别口渴了才去喝水，咕咚咕咚灌下去一大杯，结果没过两小时就上厕所去了，这样你喝进去的水就只“走肾”了，并没有在你身体里面停留太久，自然也就没有发挥应有的作用。
- 午饭时正常喝汤或者饮水。
- 下午上班时，依然准备好两杯水（约600毫升），用上午的方法，有规律地、间歇地、小口地喝水。保持合适的身体含水量。
- 晚上下班时，喝半杯水（约150毫升）再回家。
- 晚饭时正常饮水或喝汤。晚饭后，也别忘了倒一杯（300毫升）水在手边，随时喝几口。
- 临睡时，可以喝一盒300毫升的牛奶来代替喝水。

这样一整天下来，你就可以均衡地摄入两升水了。长期坚持，对你在一天里恢复精力、维持精力水平很有帮助。

# 5.2

# 觉得运动浪费时间还无法解乏？显然你做错了

当我们说到体能的时候，很多人想到的第一个相关话题就是运动。但是精力管理中的运动，最直接的目的不是一般意义上的锻炼、减肥，而是提升精力水平，所以关注点和方法与以锻炼、减肥为目的的运动有差别。

## 高精力运动三要素：合理运动可以帮助你提升精力水平

有些人认为，运动不是会消耗我们的体能和精力吗？这种想法是比较浅层的。从更深层和长远的角度来看，合理的运动会提升精力水平。

运动实际上是一种“磨刀不误砍柴工”的做法。我们多数人平时的工作是脑力劳动，运动则可以帮助我们实现从脑力活动到体力活动的切换，让大脑得到缓冲和休息。同时，越来越多的医学研究证实，当我们运动的时候，大脑会发生有益的变化。

- 第一，大脑会获得比平时更多的氧气和血液供给。这是对大脑最直接的滋养。
- 第二，运动会刺激大脑分泌一种神经元的营养因子，可以帮助神经元生长和再生。运动过后，神经递质大量释放，用脑效率特别高。
- 第三，运动能促进内啡肽分泌，直接改善我们的心情。

运动还能促使身体分泌大量的激素，比如肾上腺素和生长激素，给大脑提供更充分的氧和养料，清除代谢废物。

注意，并不是所有的运动都能帮助你提升精力。能帮你提升精力，而不是消耗你精力的运动，应该是这样的：

- 第一，是你喜欢的运动。
- 第二，你可以毫不费力，迅速进入状态。
- 第三，非常容易坚持。

我把这 3 点称为“高精力运动三要素”。其实很容易理解，我们一开始就说了，运动之所以能帮助你恢复精力，一个重要的原因是它能帮你实现从脑力活动到体力活动的切换。但是如果一个运动需要你想很多办法才能开始实施，而且需要你耗费很大的意志力去坚持，你的大脑就没有停下来，反而是在高速运作，这样的运动对你的精力而言自然是一种消耗，而不是恢复、提升。

比如我自己，我在工作日的白天其实是非常忙碌的，经常是一个会议接着一个会议，但是我宁愿压缩午餐时间也会坚持每天中午到公司楼下走哪怕 10 分钟。还有一个常用的方法是爬楼梯法，这个方法很简单，比如我在公司的 16 楼办公，下一个会议会于 20 分钟后在 10 楼的会议室开始，那么我会穿着运动鞋（我办公室常备运动鞋）走楼梯到 10 楼，然后再快速走楼梯上来，整理一下，换好工作时穿的鞋子，抱着电脑坐电梯下楼去开会。

我早晨上班也都是穿运动鞋（高跟鞋在办公室备好），从地铁站出来，我会小跑或者快步走到公司，或者如果有时间，我会提前一两站地出地铁，然后走路到公司。

疫情期间，我在家办公，运动的区域大大减少，但是我仍会想方设法给自己创造运动条件。在开电话会议、设计课程、带娃和做饭间切换的过程中，我发现带娃可以与一定的运动结合起来，做饭时我也会在炒菜的间歇尽量多做一些蹲起、压腿等。

这些都是非常简便易行，容易开始也容易坚持的小型运动方案。如果有心，你可以在白天的工作中找到两三个这样的锻炼机会。

## 高精力运动的两大策略

一说到运动，有些女性朋友可能会说，我每天这么忙，又要应付工作又要照顾家，能有休息时间就不错了，哪有时间运动。男性朋友也可能会说，我每天这么忙，工作压力大，应酬还多，身不由己，能有休息时间就不错了，哪有时间运动。

但是，我要说，不要想当然地觉得你没有运动的习惯或者没有锻炼的时间。就像刚才说过的，精力管理里的运动，一个重要的目的就是帮你实现不同活动之间的切换。下面，我就介绍两个“高精力运动”的具体策略。

**策略一：简化路径，见缝插针。**

运动项目五花八门，盲目蛮干并不能帮你提升精力水平。你需要从刚才我讲的高精力运动三要素出发，找到适合自己的运动。从操作的层面来说，一项运动要能使人迅速进入状态、容易坚持，那这项运动需要满足以下条件：

- 第一，不需要器械，可独立完成。
- 第二，时间弹性比较大，可以随时开始、随时结束。
- 第三，可以达到既愉悦身心又有益健康的目的。

总结起来就是 8 个字：简化路径，见缝插针。

我用我自己来举例说明。我问问你，会议开始之前的 10 分钟，你通常都在做什么？可能很多人觉得这根本就不是个时间段，但我要告诉你，其实这 10 分钟利用好了也是很有四两拨千斤的效果的。

我一般不会在会议开始前的 10 分钟在会议室干坐着等其他同事或者闲聊，我一般会站起来去旁边没人的会议室，利用 8 分钟的时间完成 20 个深蹲，一套伸展、扭腰等动作，上臂绕肩、用头部写 3 个米字，或者腰部轻微扭动、腿部轻微拉伸的动作等。如果要打较长时间的电话，我会拿起电话走到公司楼下，在户外一边呼吸新鲜空气一边打电话。

我推荐做高强度间歇训练，也就是 HIIT。高强度间歇训练能够在短时间内提高大脑的氧供和血供，刺激大脑分泌脑源性的神经生长因子，快速地改善大脑的状态。有研究发现，每天做 5 分钟 HIIT，3 个月后，大脑海马体会增大，大脑思维力将更强。

别小看细碎的几分钟时间。每天利用碎片时间运动，丝毫不会占用你工作、陪家人的时间，而且尝试几次你就会发现，这些运动根本不费事，还能让你立刻精神倍增。虽然这些运动与高强度的有氧运动没法比，但是它们对于缓解身体疲劳、增强身体机能是非常重要的。长期坚持这样运动的职场人士和不重视这几分钟时间的职场人士，差异是巨大的。

这些动作简单易行，1 秒内就可以开始，不需要准备特殊的装备，不需要心理建设，不需要刻意要求自己坚持，你只要有在日常的工作安排中设置这样的小环节的意识就好了。每天开两次会议，你就有两次锻炼的机会；不开会，你也可以设定闹钟，让自己定时去做这两次运动。培养起这种意识，你会获益无穷。

策略二：运动与交流陪伴结合。

除了“简化路径，见缝插针”外，这里我还要告诉你一个高精力运动策略，就是把运动和交流陪伴结合起来，养成与家人一起运动的习惯，又高效又愉悦。这里的家人也可以换成你的恋人或者和你很要好的、能让你处于放松状态的朋友。

这个策略对于职场人士来说也非常重要。它能帮助你在节约大量时间的同时，使亲子关系或者亲密关系更紧密。你不需要刻意采用这一策略，而要因地制宜地弹性进行这样的运动。比如，有的六七岁的孩子会参加篮球、足球等体育训练，那么周末训练时，爸爸可以直接陪着去，参与现场的训练或者在旁边的场地打球、跑步，不要干坐着玩着手机等孩子训练结束。

再比如，有的家庭养狗，每天遛狗的时间就是锻炼时间。在这段时间内，你完全可以通过提高锻炼强度来提高时间利用率。比如可以安排在晚饭后或者睡觉前的 40 分钟 ~1 小时遛狗，其间慢跑 20 分钟左右，然后接下来的 20 分钟与家人一起走路聊天，交流这一天的工作内容、心得体会、第二天的计划、之后的一些家庭安排等。如果天气令人感到舒适，可以把跑步时间延长到 40 分钟全程；如果天气一般，可以缩短跑步时间，以走路为主。

这个过程中，大家的心肺功能都能得到很好的锻炼，还可以增进交流，这段相互陪伴的时光质量其实非常高。带着孩子也一样，可以在安全的地方，比如家附近的小公园里，让孩子一起跑一跑、跳一跳，他会很开心。而且这样锻炼之后，晚上回去孩子入睡也容易一些。

孩子大一点了，每到读故事的时间，可以训练他自己读，妈妈来听。这个过程中，妈妈就可以一边练着瑜伽，一边与孩子互动，两不耽误。妈妈也可以一边练着瑜伽，一边陪孩子做作业，等等。不过，要提前与宝宝沟通好，这段时间他们各自有各自的任务，孩子的任务是读故事或者写作业，妈妈的任务是完成今天的瑜伽课程。然后双方在同一个空间中一边交流一边各自忙自己的事，这个过程通常可以持续 30 分钟左右，也是效率非常高的黄金时段。

总之，这里的要点在于，不要机械性地只做某一项运动，你可以一边这样一边那样，在做每一件事时都考虑穿插一些强度较低的运动，那么就可以达到不需要专门花时间锻炼却可以提振精力的目的。

## 5.3 从能睡到会睡，彻底告别失眠和报复性熬夜

睡眠对精力的恢复至关重要。失眠、睡眠质量差、睡眠时长不够等各种问题困扰着上班族。下面为大家介绍从战略和战术层面处理睡眠问题的正确态度和方法，帮助你收获高效睡眠，为白天的充沛精力保驾护航。

### 睡眠的战略：放下担忧

睡眠对我们每个人都很重要。但是，在本节的一开始，我首先要强调的是，对于睡眠，我们要在战略上藐视它，不能过度担心。睡眠是身体的自然反应，不要太刻意地去追求。不要老去琢磨，昨晚没睡够，今晚又睡不着，最近都睡得不好，该怎么办；总是躺下了却睡不着，会不会有什么问题；睡到半夜就醒了，是不是神经衰弱，不可救药。

大多数睡眠不好的人都有这种过分焦虑的特质，容易思虑重重。其实，即使连续失眠几天，也不会影响人白天的活动，但是很多人却被这种心理暗示影响，情绪上就被自己打败了，自己让自己进入恶性循环。所以在教大家实现高精力睡眠的方法之前，我先明确告诉大家，要有从思维上做到“困了就睡，不困就起”的放松心态。

一个晚上睡够多长时间才合适呢？一般所说的 8 小时睡眠只是一个平均数，不是标准，所以不用特别在意睡多久，而更应该看重睡得好不

好。我在生宝宝之前晚上通常能连续睡 5~6 小时，中间不醒，加上白天及时小憩，我的状态一直非常好。总之，对于睡眠来说，时长不是最重要的，最重要的是质量。只有把质量问题解决了，才能让你真正快速充电，保持高精力水平。

## 睡眠的战术：高效睡眠三要点

怎么保证睡眠的质量呢？这就要从战略层面转到战术层面了。从可实操的战术层面来说，要提高睡眠质量和精力水平，你需要掌握一套科学的睡眠方法，我把这套方法总结成了“高效睡眠三要点”，我们分别来看一下。

第一个要点是创建睡眠标准程序。

在这个要点上，你需要做好以下两步。

第一步，为自己创造舒适的睡眠环境。黑暗的屋子会刺激松果体分泌褪黑素，引发困意。因此睡前屋子里光线不要太强，昏暗的橘色小灯让人更容易有倦意。同时，睡前可以通过洗热水澡或泡脚这类活动升高体温，然后开空调将房间调整到适宜的温度，让核心体温在洗澡之后下降，引发睡意。

第二步，安排固定的睡前准备活动，建立大脑对休息的条件反射。在一天 24 小时中，对于睡眠来说，最重要的是晚上睡觉前的那一个小时。很多人睡眠不好，关键就是临睡前这一个小时的行为不科学。这一个小时，你需要养成自己的一些习惯性操作，让大脑放松。看书、听音频课都是不错的选择。你可以看一些相对比较难的书，甚至外语书，不要看情节特别丰富的小说。睡前不要用手机、平板电脑看书，电子屏幕发出的蓝光会让你入睡困难。

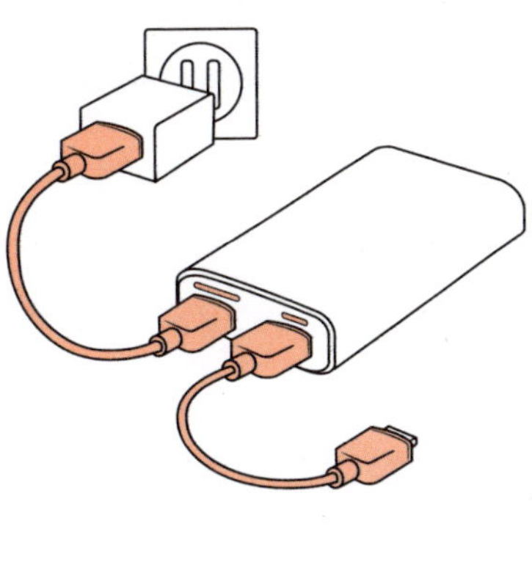

你还可以选择听音频。我自己的方法是听一些讲者声音比较好听的以前听过的音频课，用熟悉的内容和语调让自己快速入眠。

第二个要点是白天小睡补眠。

在白天连续的精力消耗活动的间隙，适当安排小睡和休息，是对晚上睡眠的有效补充，能很好地提升你的精力续航能力。

每工作 3~4 小时就要在办公室小憩一会儿。如果有条件，可以进行午休，给自己补充一下“电量”。你可以买那种椅背能下放 60 度的办公椅用于午休，很方便。午饭后躺在椅子上休息，脚有踏板撑着，戴着耳机听着音频，可以很快进入浅睡眠，小憩 18~20 分钟足够了。如果没有条件午休，就闭眼坐 10 分钟，甚至趁这个时间将眼保健操做起来，一举两得。在办公室找个合适的地方思绪平缓地远眺，也是不错的方法。打车上下班的人，可以在车里休息，将前排放倒或者在后排侧躺，都可以。这是我惯用的休息方式，睡眠质量非常高，20 分钟整个人就缓和过来了。

每连续工作两小时，就用我们前面章节介绍过的“短平快呼吸操”进行大脑的休息，之后再次投入工作。这一点很关键：避免大脑持续过度疲劳，而要养成适度休息的好习惯。

很多职场人士还有心理性晚睡的问题，具体表现就是不管白天多忙、多累、多辛苦，晚上睡前一定要躺在床上玩手机 1~2 小时，仿佛只有这段时间才属于自己，才能放松。然而通常这种操作会带来“假性放松、真性疲劳”，不但休息不好，反而会因为影响了睡眠而造成精力的恶性循环。

解决这个问题最好的办法就是在白天主动腾出放松、独处的时间，也就是及时小憩，这种精力缓冲阀非常管用。比如高强度工作一个小时，中间歇 10 分钟散散步、打个太极、做个冥想，或者给朋友打电话聊聊天，买一点健康的零食来吃，约三五好友晚上一起吃个饭。这能让你在白天就有专门的时间获得放松，不会到晚上心理上委屈得不行，要选择疯狂熬夜娱乐来报复性弥补。还有一个方法就是在晚上打开手机娱乐、“犒劳自己”的时候，提前定个闹钟，比如 20 分钟或半小时，闹钟一响，就是在给你提醒：“时间不早了，该休息了。”

最后一个要点是白天尽可能接受光照。

白天多在日光照射下活动，能够让松果体合成更多的褪黑素，晚上褪黑素分泌出来，我们就能够睡得更好。所以，有条件的话，尽量多和同事或家人一起出去散步，多创造白天在户外活动的机会。

对于周一到周五要严格按时间安排上班的你，白天主动创造户外活动的机会非常重要。比如午饭时特意跑到比较远的地方去吃饭，在来回的路上晒太阳散步，或者午饭后与同事一起在楼下一边遛弯一边讨论工作事项。当然也要控制一下时间，保证你能午休 10~20 分钟。

天气好的时候，可以直接在室外某个地方开会，几个人一起一边做一些简单的运动，一边讨论一些话题（在不需要用电脑的情况下）。需要打比较长时间的电话时也可以到户外去，这一方面可以增加待在户外的时间，另一方面也能使眼和脑得到休息。总之，这些都是不错的弹性方法。要注意，看手机是在耗费精力，不是休息。所以想让大脑休息时，要让自己尽量远离手机。

## 关于良好睡眠的几点注意事项

除了以上的方法，关于睡眠，有几个需要注意的点。

（1）不是所有人都适合相同的作息习惯。

很多人觉得早睡早起是最好的，但是，其实人有两种作息类型——“早鸟型”和“猫头鹰型”，70% 的人属于前者，30% 的人属于后者。前者适合早睡早起；后者不用特别强迫性地早睡早起，但是入睡时间最晚不要超过零点。

（2）脑力劳动者重点关注后半夜的睡眠质量。

心理学和医学研究发现，人一晚上的睡眠分为 4~6 个周期，每个周期的时长大约是 90 分钟。一个完整的睡眠周期由入睡期、浅睡期、熟睡期、深睡眠和快速眼动期组成。其中，深睡眠对体力的恢复作用最大，它在前半夜的睡眠周期里占的比例高；快速眼动睡眠对记忆增强和情绪恢复作用最大，它在后半夜的睡眠周期里占的比例更大。

如果你白天进行了较多的体力劳动或者大量户外活动，比如爬山等，那么建议你早睡。对于职场中的大多数脑力劳动者来说，下半夜的睡眠非常关键，最好不用闹钟，能够自然醒，不打断快速眼动期，至少在 0~6 点可以睡一个不被打扰的整觉。

连续睡眠很重要，但是有的人因为工作、生活中的各种原因，没办法让自己连续睡 5~6 小时。这个时候该怎么办呢？

前面讲了，人类晚上的睡眠由若干个周期组成，一个周期平均是 90 分钟，人一晚上睡 4~6 个周期，总共是 6~9 小时。如果在 90 分钟内被叫醒，人会觉得很难受，会觉得晕晕乎乎的；如果是在 90 分钟结束时被叫醒的，相对就会好很多。如果不能连续睡眠，可以按照 90 分钟（1.5 小时）或者 180 分钟（3 小时）来睡。

举个例子，在我家宝宝一岁以前，我常常是凌晨 3 点起来喂奶。我一般工作到 12 点上床睡觉，这样到 3 点刚好 3 小时，起来的时候就不会觉得难受。喂完奶大约 3:40，我可以接着睡 3 小时，6:30 再起床，这样感觉也很好。当然，我家宝宝一岁以后我就能完整睡一觉，基本不需要起夜了。

## 5.4

# 主动切换，永远不要把自己消耗一空

除了睡眠，白天的小憩也对恢复精力至关重要，其地位不亚于夜晚的睡眠。在忙碌的一天中，如果能依据规律，通过有计划的“主动切换”进行“积极休息”，那就可以做到让自己的精力有效恢复，一整天都效能满满。

### “一刻不停”并不是高效率的工作方式

现在大家工作、生活节奏快、压力大，每天都感觉忙得不可开交、眼睛刺痛、思维混乱，甚至记不起上次散步是什么时候。你可能还在告诉自己必须一往无前，充分利用每分每秒。可是，疲惫不堪的时候，只是给自己加油打气，真的能获得更高的效率吗？事实上，高效利用时间并不是要一刻不停地折腾。科学研究表明，如果在辛勤工作的过程中主动给自己一些休息时间，我们的工作效率会更高。这有两个原因：

- 第一，在长时间的工作中，大脑的思维系统需要定期休息、“加油”，才能保持全速运转。
- 第二，你在“休息”，也就是没有主动执行一项任务时，你的大脑实际上正忙着帮你重新编码信息，形成新的认知。脑科学研究人员发现，当我们允许大脑在完成任务的过程中休息时，大脑似乎仍在进行重要的工作，编码、整合我们刚刚接收的信息。这样的反思时间能加深我们的理解和洞察。

另外，持续地消耗精力而没有适当地恢复，也会导致我们在工作上出错。我在前面的章节中为你讲过决策消耗的概念。我们每天要做的各种小的选择再简单，也需要我们评估不同方案的利弊，需要耗费我们大脑的很多精力。要做的决定越多，能用来评估备选方案，做出恰当、有益、考虑周全的选择的认知容量就越少。这个时候，我们在工作中就容易犯错。

所以为了维持高精力状态，我们就需要主动进行相应的操作，及时让大脑进行复盘和休息。不要“过劳”，等脑子疲惫不堪、不转了再去休息，那样你会很长时间都恢复不过来。你需要做的是采取主动切换的方式及时让大脑放松。就像在一根橡皮筋抻长 80%~90% 的时候松开它，对保持其长期弹性很有帮助。

## 主动切换：最高效率的积极休息

相对于那种“一刻不停”的工作态度和工作方式，我更提倡在一天的工作生活里，要有主动切换的意识。

所谓主动切换，就是我们可以采取主动让大脑在不同的任务之间切换的方法，来让大脑的不同区域得到休息。其实很容易理解，无论你在做什么事情，你的大脑总有一部分在活跃地工作，而主动切换，就是有计划地在不同类型的活动之间进行转换，达到让大脑有着不同功能的各区域轮流休息的目的。

比如，著名的跨学科领域科学家柳比歇夫，会在书桌上同时摆好几份写到一半的论著，比如数学的、植物保护学的、哲学的、昆虫学的等。一个学科的内容写累了，就换另一个学科继续写作，并称之为休息。我自己也会在一上午连续 4 小时的工作中，在主业、副业完全不同的工作内容间进行切换，以随时保持高产出和高效率。

与埋头一直做一项工作、直到自己累趴下的方式，或者认为只有什么都不干才是休息的认知相比，我把通过主动切换来进行的休息称为一种“积极休息”。这种休息之所以是积极的，主要是因为：

- 你没有等到自己累趴下了才被迫休息。
- 即便是休息的时间，你也没有浪费掉。
- 因为你是在不同类型的活动间进行切换的，所以它是真正的休息，不会因为选择了不合适的休息活动，让自己越“休息”越累。

## 怎么进行主动切换：做好两种切换

下面，我们来看看具体可以怎么实现主动切换。要做好主动切换，让自己能够得到合理的积极休息，你可以考虑下面两种切换方式：

- 不同类型的脑力活动之间的切换。
- 脑力活动和体力活动之间的切换。

（1）不同类型的脑力活动之间的切换。

先来看不同类型的脑力活动之间的切换。刚才我举过的科学家柳比歇夫的例子，以及我自己主副业安排的例子，其实都属于这种切换。

我的主业是市场营销，工作内容涉及方方面面，主要包括分析市场数据、分析财务数字、制定品牌策略、学习产品相关文献、进行跨部门沟通等。对我来说，分析财务数字和进行跨部门沟通是不同的，会用到大脑的不同区域。我通常会在一天的工作安排中设定某个“时间段”，在这个时间段内集中处理财务和数据分析相关的问题，之后就转换到另一个专注于进行跨部门沟通时间段内，一边让因处理数字问题而非常累的我的大脑的“数字”区域进行休息，一边使用大脑的另外一个“沟通”区域与大家合作推进某个项目。我不会连续处理财务数字超过两小时，跨部门沟通也不会连续占用我一小时以上的时间，当设定好的时间段即将结束时（当然，我会尽量把已经分解到此时间段内的阶段性工作处理好），我会主动进行两类工作间的切换，以保证我的大脑不过度疲劳。

（2）脑力活动和体力活动之间的切换。

除了不同类型脑力活动之间的切换外，我们还可以进行脑力活动和体力活动之间的切换。切换的具体方法也是建立完成工作任务的时间段，并在做计划时就把脑力活动和体力活动交叉安排，然后在该时间段内处理相应的任务，时间到了就转向下一时间段的任务。例如，我在安排白天工作时间的会议时，不会让自己一个接一个马不停蹄地参会，而会在不同的会议间留出 15~30 分钟的时间不等。在这个间歇中，我可以做很多体力活动来休息大脑。比如，我可以端着空水杯从 16 楼走楼梯到 9 楼，然后在 9 楼的茶水间打一杯温水慢慢地喝完，之后再端着空水杯爬回 16 楼，进行下一个会议。

这种主动切换的关键点就在于要提前做好安排，并严格执行：

- 脑力活动时间段内的事情尽量集中精力完成。
- 某时间段结束后，即使任务没有完成，也要停下来去进行下一个时间段的活动。
- 未完成的脑力活动可以之后再继续进行。

慢慢地你会养成习惯，越来越能集中精力完成特定时间段内的事情，然后快速切换到下一个时间段。这样，你不但工作效率提高了，而且余闲增多了。

我对周末的安排也是在不同的场景之间切换。比如晨跑结束，做好一天的安排后，我会用两小时专心设计自己的课程，我会提前与家人沟通好，这两小时不要打扰我。

两小时结束后，我的工作告一段落，然后我会做什么呢？我会去做一顿丰盛的午饭，有时候和家人一起做。我把做午饭的过程当作让大脑休息、享受高质量亲子时光和给家人一顿爱的午餐的综合体验，这种“多效合一”的感觉真的非常棒，有效率，有成就感，家人还特别满意，而我自己的大脑也得到了充分的调节和休息。

有时候我在公司参加了一天培训，累坏了。7 点从公司出来，我会在打车回家的路上下单买好菜。半小时后，人到菜到。回家后，我会躺半小时或听瑜伽课舒缓音乐来休息，然后起来炒菜，8:45 可以吃上了。吃完、收拾好，我又可以进入高效工作的状态。我也经常在周末的一天中将娱乐性任务与非娱乐性任务穿插安排，保证效率满满的一天各方面都有成效。

## 5.5 本课小结

高精力饮食习惯可以让你吃了又瘦、又美、又健康。合理饮食对我们维持自己的精力非常重要。通过饮食来管理精力，尤其需要注意血糖供应、不饱和脂肪酸及饮水与精力之间的关系。从具体的做法来看，我们可以从 3 个方面来搭建自己的高精力饮食系统：第一，结合升糖指数和不饱和脂肪酸的摄取，来安排自己的饮食内容；第二，少吃多餐，把通常的三餐调整为五餐或六餐；第三，按照一个固定的计划，每天饮水两升左右。

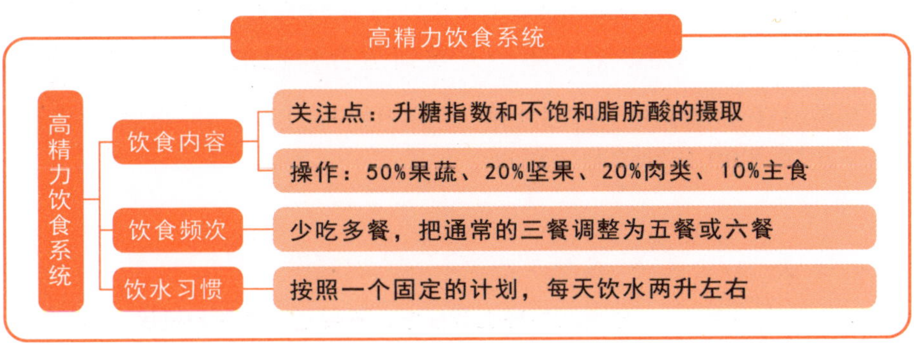


合理运动让你越锻炼越有精力。合理的运动会提升而不是消耗我们的精力，其关键是高精力运动三要素，也就是说，这些运动需要：第一，是你喜欢的运动；第二，你可以毫不费力，迅速进入状态；第三，非常容易坚持。进行高精力运动，你可以采用两个策略：一是简化路径，见缝插针，二是把运动与交流陪伴结合起来。

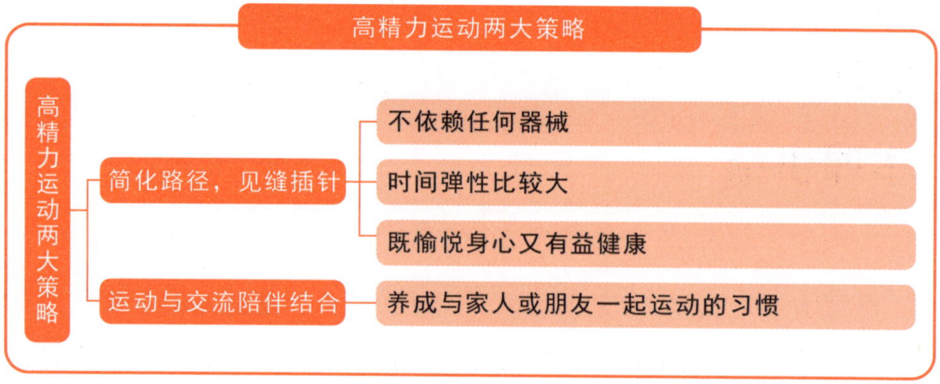


科学睡眠，保证精力得到充分的恢复。对于睡眠，我们首先需要学会从战略上藐视它，不要过度关注和担忧，不要给自己增加不必要的情绪，心态要好，这是良好睡眠的第一步。接着，以提升精力水平为目的，管理好自己的睡眠，在战术层面需要抓住 3 点，分别是创建睡眠标准程序、白天小睡补眠和白天尽可能接受光照。同时，在睡眠上，我们还需要注意 3 点：第一，找到适合自己的作息习惯；第二，脑力劳动者需要重点关注后半夜的睡眠质量；第三，不能连续睡眠时，保证一次睡满 90 分钟的睡眠周期。

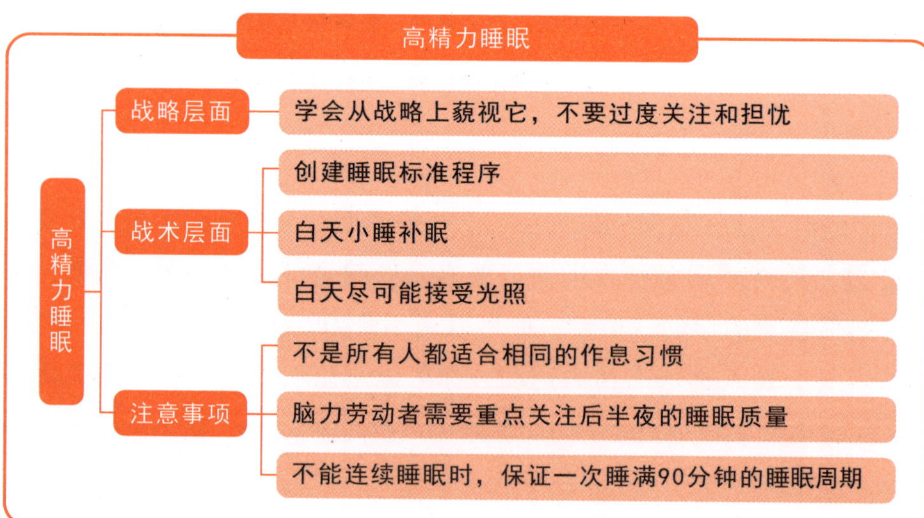

要注意采取主动切换、积极休息的策略。“一刻不停”的工作方式并不是真正高效的方式，我们需要通过主动切换来实现积极的休息。主动切换是指我们可以采取主动在不同的任务之间切换的方法，让大脑的不同区域得到休息。在实际操作中，我们可以采取两种切换方式：一是不同类型的脑力活动之间的切换，二是脑力活动和体力活动之间的切换。

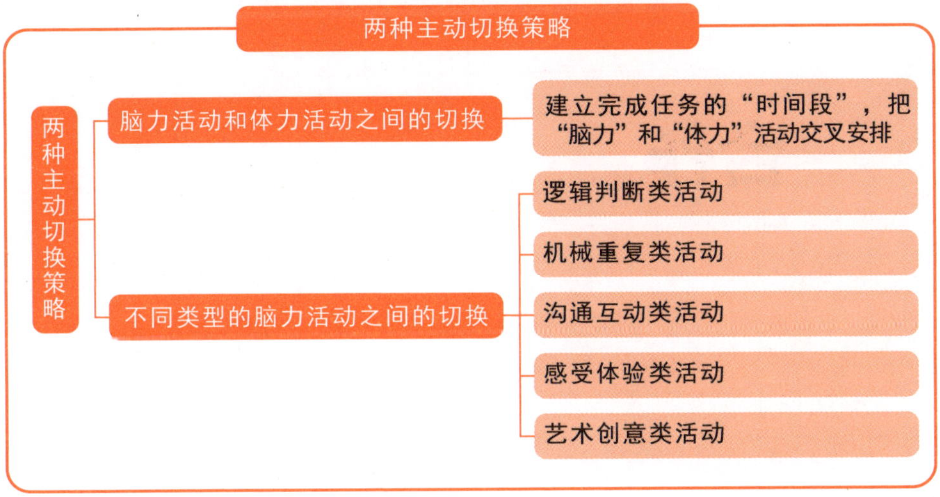

# 6 合作

## 做好合作与授权，节约你 50% 的精力

从本课开始，我们将进入精力管理的“广助力”阶段。我们说人是社会性动物，不可能总是脱离团体，单打独斗。学会借力，构建合作系统，与工作伙伴和家人轻松愉快地合作，能帮助我们节约精力，提高效能，达成目标，促进关系和谐。

前面我为大家讲解了精力的四大能量来源，以及针对每种能量来源，你自己如何进行开源、节流。本课将从“提高精力效能”的角度，讲解如何与他人高效配合，从而提升效率，节约精力。

# 6.1

## 三条法则，避免孤军奋战“累成狗”

在工作过程中，如何与上下级及其他团队成员和谐合作，从而节约精力呢？

有 3 条黄金法则可以遵循。实践这 3 条法则的过程，也是一个培养与别人合作的习惯的过程。

第一条黄金法则：在工作合作系统中，要节约精力，最重要的就是贯彻二八原则。

你要时刻谨记，把 80% 的精力花在 20% 最重要的事情上。为了做到这一点，在开始处理任何一项工作任务前，你都要问自己下面这些问题。

（1）这件事有没有必要做？（这是在考虑行动方案与策略的大方向是否一致。）

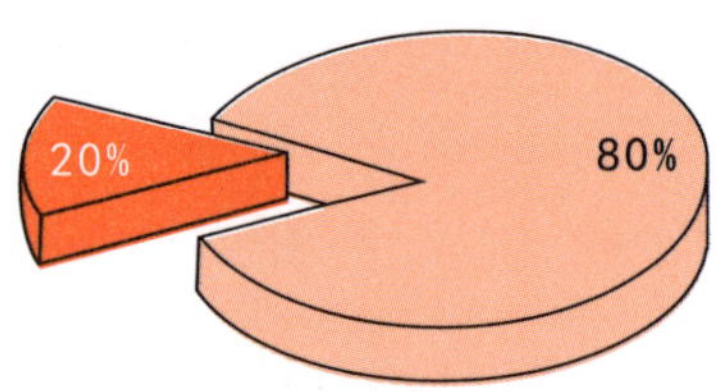


二八原则

（2）需不需要我亲自来做？（这是在考虑这件事由我做和由别人做，结果会有什么区别。）

（3）这件事可以交给别人来做吗？如果这件事别人可以完成 80%，那么就授权给别人做，我则制订好目标和检核点就可以了。

（4）如果这件事必须由我做，那么多久可以完成？如果两分钟内就能完成，则立刻完成；如果需要花费的时间超过一小时，则将其分配到特定的时间段，记录在备忘录中，到点了就去做；如果预估需要好几个小时才能完成，那就制订计划，按计划完成。

下面举几个例子说明如何使用以上问题。比如，拜访客户时，可以这样展开思考：

这件事要分情况讨论。你要的结果是什么？

如果你希望增进客户与你的感情，这件事你就不能拜托别人做，否则客户认识的就是别人。但如果你要的结果是维护客户与公司的关系并促成成交，这件事就是可以分担出去的，不必亲力亲为。

不管某项任务是否要分担出去，分担给谁，你要做的就是先列出所有任务，进行分析和分类，大家一起讨论处理方法，避免你一个人事无巨细地处理一切，因为大家在这件事上是利益共同体。

其实这种协作完成任务的方式在商业社会中很常见，比较著名的例子就是维基百科，它就是通过普通用户的通力协作，创造出了全球规模最大、最受欢迎的“网络百科全书”。

再比如，你要组织一次大型会议的彩排：

你是总负责人，从场地、人员，到重点客户的接待和安排，各个方面你都需要做准备。很多人因为不会分担，就没有想到过别人也可以帮到自己，所以自己做了很多事，每天忙到崩溃，还一肚子怨言。然而，如果你向同事或者老板求助，大家群策群力，可能你很快就能找到最合适的场地，并且做好明确的分工。当然，不是所有的问题都可以这么轻易地解决，但是你要思考任务对应的工作内容到底需不需要每个细节都亲力亲为，这是一个非常重要的思考点。

第二条黄金法则：通过建立你与上级以及平级的和谐合作规则，来节约精力、提高效率。

与上级合作，有 5 个核心要点：

（1）加强沟通，上级布置任务时，确认任务的要求、时限、关键节点。

（2）任务初稿一定请上级审阅和给初步意见。

（3）在任务的关键节点，及时汇报、沟通，确认无误。

（4）任务结束后留出反馈时间，注意与领导沟通的时机和话锋。

（5）树立时间观念，不要养成允许他人随时找你沟通的习惯，制定“沟通时机和时限原则”。

与平级合作，有4个核心要点：

（1）明确分工，清楚彼此负责的工作。

（2）及时沟通，确保没有误会，及时反馈。

（3）同类项目用相同的原则进行操作。

（4）树立时间观念，不要养成允许他人随时找你沟通的习惯，制定“沟通时机和时限原则”。

举个例子：

每年1月初，公司的年会都是一个需要各部门共同协调的项目。每年公司在国庆过后成立年会筹备小组，着手准备，涉及的部门包括总裁办、采购部门、酒店会务部门、广告设计部门以及市场和销售部门等，各部门抽调一些人手出来组成“年会筹备工作组”。

在这个工作组中，来自各部门的人员都是级别差不多的行政人员、助理、执行专员等。按照上述的原则，在年会筹备项目中，大家应该按照下述的方式来进行沟通和协作。

（1）明确分工，清楚彼此负责的工作。

在项目启动阶段，最重要的就是做好计划和分工：将工作内容分成多个模块，制作时间表，分清楚各部门同事重点负责的事情，确认需要达成的结果和完成的最后期限。分工表的存在是为了能“责任到人”，在执行中互相了解“遇到某类事该去找谁解决”。

（2）及时沟通，确保没有误会，及时反馈。

及时沟通、达成一致、及时反馈、迅速调整也非常重要，所以要建立常规的沟通机制，最好保持每天快速沟通一次，每周正式沟通进展一次，沟通可以在微信群或钉钉工作组中进行。具体而言，就是每天在固定时间把各自负责的事情的进展快速在群里反馈一下，互通有无。而每周的正式沟通是为了确定整个项目是否在按照时间表、按照既定质量要求进行。

（3）同类项目用相同的原则进行操作。

对于同类项目，执行和操作的标准要相同，并保证这个标准每个人都“收到、理解且清楚”。可以把这个标准放在项目跟进时间表的附件里，方便同事们自检。在项目启动会上，大家要充分沟通并确认达成了一致；在项目执行过程中，要及时检查以确保执行没有变形。

（4）树立时间观念，不要养成允许他人随时找你沟通的习惯，制定“沟通时机和时限原则”。

这一点是大家在执行中经常忽略的，当项目任务重、时间紧的时候，大家很容易“一遇到问题就立刻冲上去解决问题”。其实这样你往往来不及冷静思考和进行重要紧急性排序，容易导致效率低下和时间、精力的消耗。因此，大家分工明确后，各自都要有自己的“专注工作时间”，同时也要有“限制时长的协调沟通时间”，专门用来进行快速的协调，不要互相“随机打扰”。

第三条黄金法则：当出现意见不一致的情况时，正确的沟通和合作方式有助于更好地管理精力、减少消耗。

这时的沟通就非常重要了，要注意，“理解你的角度，但不一定同意你的观点”是一种重要的认知能力，友好地说出不同意见，是一种重要的说话能力。在任何社交场合和工作场合，表达不同意见时一定要体现个人修养。

大家可以采用以下 4 个步骤交流意见。

（1）先平和、完整地听完对方的观点。

（2）要以善意和理性的态度，按照对方的逻辑将对方的观点梳理一遍，梳理得更清晰、更全面，这也是为了让对方重新确认一下他是否想表达这个意思。

（3）补充对方所不知道的事实面（摆事实很重要，而不是单纯的讲道理）。

（4）至于结论，可以不直接说，也不要强加给对方，让对方自己推导出来会比较有力。

同时，还有一些非语言沟通的细节也要注意，因为在交谈中，表情和肢体语言对于传递信息也至关重要。常见的好的方式如目光温和、自然地徘徊在对方眼睛、鼻子、眉毛一带，身体呈现“开放性”，包括：脚尖对着对方，常常点头，常常微笑，说到兴头上时身体前倾或者小幅度摆动，等等。总之要让对方明确感受到你尊重对方并在认真聆听。

眼神交流用得好，大家沟通时可以有很亲近、舒适、温和的感觉；用得不好，则容易引发抗拒、敌意或冷漠态度。

眼神交流原则一：当对方在讲话时，你的眼睛一定要看着他。这是重要的表达对对方的聆听、尊重的方式。想象一下你在跟一个人说话，而对方一直低头看手机或者左顾右盼的情景，你的感受一定是不好的。而如果对方的眼睛始终看着你，就会给你一种“我尊重你，我在倾听你”的信号。

眼神交流原则二：当你在讲话时，你可以间歇性地注视对方，不要始终直视他，也不要过度飘忽。人们在说话时，思维是非常活跃的，眼神是你的活跃思维的外在表现，眼神变化代表你在思考，一定的变化是合理的。但是你的眼神不能变动太大，不能让对方感觉飘忽不定。飘忽不定的眼神会让人觉得你在撒谎、在含糊其辞。

当你遵守这两个法则时，对方会觉得你有亲和力，和你在一起讨论工作没有压迫感，你们讨论的效能会提高，大家更容易达成一致，进行明确、落地的分工，精力和时间也就自然而然地节约出来了，从而完全避免了你“孤军奋战累成狗”的局面。

## 6.2 四个要点，秒变果敢沟通的高手

上一节为大家讲解了如何通过建立合作规则来最大限度地提高效率、节约精力。在上一节的最后，我为大家介绍了一些“高效沟通”的操作方法。在实际的工作和生活中，沟通问题往往是我们最难跨越的障碍，可以说如果沟通顺畅，很多问题可以迎刃而解。因此这一节将专门为大家讲解关于“高效果敢沟通”的内容。

自信、果敢、充分地表达自己的能力是人人都可以学会的。

果敢沟通，是指在任何时候跟任何人自如交流、勇敢表达并且持续谈下去的能力。要想实现自信、果敢、充分的沟通，以下 4 个要点需要铭记。

（1）每次沟通都有明确的目标（可以是多个），不要漫无目的地想到哪儿就说到哪儿。

比如，你的沟通目标可能是增进了解、消除误会、解释问题、提供建议、说明情况、确认信息等。每次沟通前，你都需要在内心思考本次沟通的目标。

（2）沟通过程中重视对方的反应和每个细节。

沟通是个双向的过程，不仅要注意自己说什么，还要注意对方是否在听，听了之后有什么反馈。所以沟通过程中要专注，重视对方的反应和一些肢体语言的细节。可以在沟通过程中通过主动问询来确认，如看到对方皱眉头，可以问“是不是我刚才没有说清楚？需要我再说一次吗”（注意一定要说自己没说清楚，而不要说对方没听清楚）；看到对方低头看了一眼手机，要主动问对方是不是在赶时间或有其他事。总之要关注对方的每一个细节，表达出你希望他专心听的意愿，同时也尊重对方。

如果对方不想听，可以再约其他沟通的时间。

（3）沟通的结果应是达成你的至少一个目标。

这个很重要，大家花时间来沟通，就一定要有效果，至少要达成一个目标。比如哪怕是互换了信息，增加了了解，也是非常好的一个结果。这种情况下，虽然本次沟通没有达成一个具体的行动方案，但是大家信息对称了，这能在接下来的进一步沟通中为彼此加分。

（4）只谈行为和感受，不做评价，不抱怨。

一定要注意，在沟通中只谈具体的事情，只谈行为和行为带来的结果，以及行为带来的感受，不攻击、不评价，也不抱怨。实践告诉我们，无论在家庭生活还是在工作中，以合作为前提的沟通是最好的沟通。

讲到这里你可能会说，我就是害怕沟通时开不了口。那么你就需要先调整自己的认知和心态了，对于沟通这件事，你要有正确的认知，沟通能力的培养实际上是一种"心态 + 技能 + 习惯"的培养。

第一，从心态上来说，你怎么看待沟通这件事，以及怎么看待自己在沟通中的表现，至关重要。

很多人把自己在沟通中的表现看成一件固定不变的事，看成对自己这个人的评价，一旦自己提出的建议不被采纳，就会觉得很难堪，就会觉得自己被否定了，甚至夸大这种难堪，给自己的心理带来影响，从而开始缩手缩脚、不敢发言。实际上，我们对待沟通的正确态度应该是：只把沟通看成传递信息的一种手段，并把别人的反应当作对你传递信息是否有效的一种反馈。也就是说，如果你讲话之后别人的反应与你的期待不一致，你应该意识到这种反应只表明对方对你这次传递的信息的内容、传递的方式方法的接受度不够而已，而不是对你这个人的接受度不够。

比如说，你在向别人推荐某个方案时，对方皱了一下眉头，你会怎么解读皱眉这个动作？自信的人会解读为：对方可能对我说的事情没兴趣或者不同意我说的观点，我想进一步听一听他怎么说。而不自信的人会直接认定"对方不喜欢我，我很差劲"，陷入自我否定。抱有前一种思维的人会想，我是不是该换个话题，或者换种说法，又或者换个说话的时机，等等，总之还会继续尝试和努力。而后一种思维会让你无法再继续思考和表达下去，你也会不再愿意进行尝试和努力。真实情况是，皱眉的这个人，可能只是当时联想到了自己的某件烦心事而已，你若是陷入后一种思维而停止努力沟通，岂不是自己截断了继续沟通，进而互相了解的渠道？

第二，实际上，主动、有技巧地进行果敢沟通，是我们每个人都应该掌握的技能。

你应该认识到继续沟通、自信表达的价值，不要抗拒；你也应该认识到别人的反应只是一种反馈，是对你接下来要进行的改进的指引。人是社会性动物，主动维持沟通是正常社交和深入关系的必然要求，是为了互相帮助、共享信息、共同成功、达成一致，是一种合作互助。不论是在亲密关系中还是在社交关系中，一次次的小谈话会帮助你获得信息，整合你对某个项目、某个行业、某类技能甚至是对这个时代的见解，或者整合你对同事关系、对团队未来愿景的见解，帮助你们互相增进理解，达成一致。

那么这个技能应该怎样培养呢？

马斯洛需求理论认为，安全需求是人类较为基础的需求，再往上，人还有被尊重的需求。如果你想在谈话中获得他人的肯定和好感，让沟通顺利进行，就应时刻铭记：要让对方放松，并感觉自己被关注，这是两个大原则。在这个原则下，我们应该这样做：思维保持以对方为中心，时刻关注对方的潜在需求、情绪、话题兴趣度，随时对自己的语言和话题进行调整。

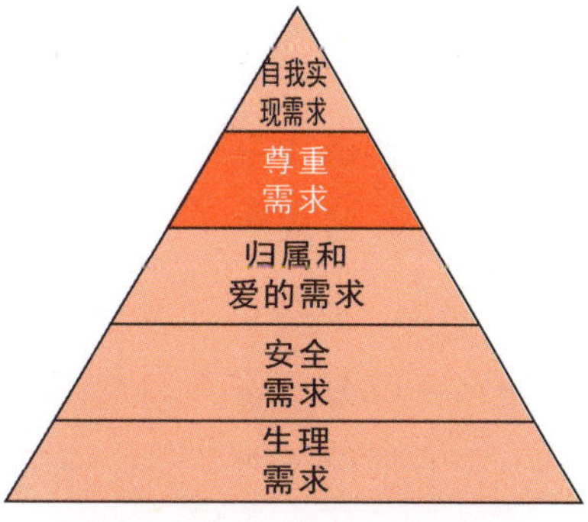

马斯洛需求层次理论概述图

在这个原则下，要提高自己的沟通能力，你需要做两方面的事：

一是提高自己理解别人的可能性，你可以通过培养观察力、洞察力、倾听力来实现这一点；

二是提高别人理解自己的可能性，你可以通过改善表达技巧、使用非语言技巧等方式来实现这一点。

请大家现在头脑中思考自己经常面对的沟通场景：

要仔细想想自己最有可能在什么场合，与哪些人沟通，尝试列出你的沟通情境和沟通对象的清单。你可以闭上眼睛想一想，你一般会在哪些情境中与人沟通，比如学校、家庭、工作单位、聚会以及日常的各种与人打交道的情境。不同的场合对于沟通的要求是不一样的。再想一想，你都需要与哪些人进行关键对话，比如朋友、父母、同学、配偶、亲戚、领导、邻居、陌生人等。应根据不同的对象改变沟通方式。列出沟通情境和沟通对象的清单的目的是使自己清楚自己沟通的场合、范围和对象，理性地分析对方的想法和应对措施，以便全面地提高自己的沟通能力。要客观地评价自己是否具有良好的沟通能力，你可以认真地问问自己以下问题：

- 你真心相信沟通在家庭关系、在合作团队中的重要性吗？
- 在日常生活中，你是否在无时无刻不在寻求沟通的机会？
- 当你需要表达观点时，你能很清晰地表达自己的观点吗？
- 在多人谈话中（这里说的多人谈话可能发生在家庭中、工作场景中、朋友的闲聊中），你善于找到机会发表自己的观点吗？

第三，学习任何技能后，都要通过刻意练习将其变成自己的习惯，这样它才能真正成为自己的能力。

学习某种技能之后，你要谨记在所有的场景中练习这些技能，最终将其内化成为自己的习惯。当你习惯性地坦诚、开放、自如地表达自己的时候，身边的人就会惊奇地发现你已经是一个拥有果敢沟通力的人了。

那么，了解了自信、果敢、充分的沟通的 4 个要点，同时也在心态上做好了准备，接下来有哪些具体的操作步骤可以帮助我们更好地实践这样的沟通呢？这里推荐采用这 5 个步骤。

**（1）做好沟通前的准备：**设定谈话目标，理解对方的出发点，考虑潜在的争议点，提前分析原因是什么，要做哪些准备。

（2）确认对方的需求：通过提前收集资料和有效的提问，探寻对方的需求。

（3）进入关键对话环节：提出自己的需求，并倾听对方的不同意见。这个过程中你要学会平和淡定地提出自己的想法和需求。要清楚而合适地阐述自己的观点。

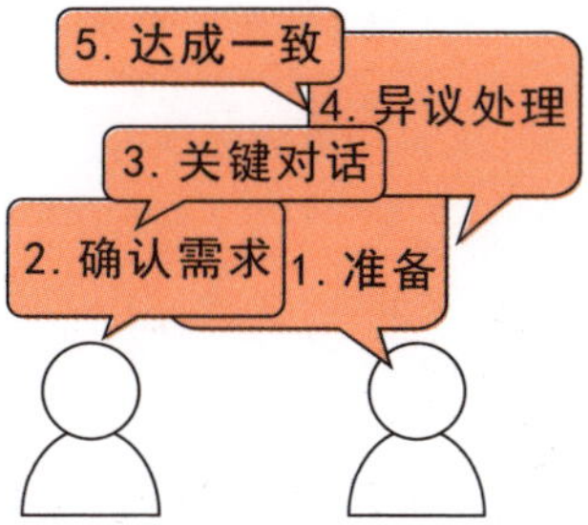


要学会提问。不同类型的问题会有不同的效果，大家可以通过表 6-1 进行初步的了解。

**表 6-1　关键对话环节常用的不同类型的问题及其效果**

| 问题类型 | 开放性问题 | 封闭性问题 |
| --- | --- | --- |
| 定义 | 可以让对方提供充分的信息和细节 | 可以用一个词来回答，容易冷场 |
| 优势 | 信息全面、气氛友好、双方放松 | 节约时间，便于控制谈话方向 |
| 风险 | 浪费时间，容易偏离方向 | 信息有限、气氛紧张 |

同时还要学会积极倾听。不要三心二意，三心二意会使对方认为你不关心他、不关注他，从而没有信心继续谈话；也不要被动地盯着对方，表情呆滞地听，这种不积极、不主动的听法会让对方感到挫败和被拒绝，没兴趣继续谈话。

积极倾听需要我们暂时忘掉自我的思想、期待、成见和愿望，全神贯注地理解讲话者所说的内容，与他一起去体验、感受整个过程。这是一种技巧，可以通过锻炼得到提高。比如，你可以用一些“热词”——“是吗”“没有”“太好了”“真的”“啊哈”来表达你的关注，或者使用“认同性”的口语——“我说呢”“我正纳闷”“我还在琢磨呢”，让对方感到被理解。

（4）处理不同意见。当对方反对我们的提议的时候，永远不要表现出焦虑，你要平和地表示你收到了对方的不同意见，同时温和地探讨不同意见的成因。

（5）达成一致，结束谈话。善于发现别人言语中对自己的支持，愿意表达自己的感谢之情，并及时地结束谈话，或者及时地进入下一步对双方具体行动方案的讨论。

## 6.3

## 心甘情愿合作，才能“1+1>2”

与他人合作，要学会借力，才能最大限度地提高效率、节约精力。

在这一节中，我要举一个家庭合作系统的例子，来为大家透彻地讲解如何通过借力实现“1+1>2”。

为什么要举家庭合作系统的例子？因为家庭合作系统是比工作合作系统更复杂的合作系统。如果你能从家庭合作系统的案例中掌握“五步达成合作法”的精髓，那你在工作中的沟通也就所向披靡了。

因为家庭合作系统涉及的人身份更复杂，彼此之间都有感情关系，又是朝夕相处，容易起摩擦，所以，相处中更要注意很多方面。可以说，家庭中的精力管理具有综合性，管理不好会造成指数级的内耗。

家庭合作系统的建立，重在沟通和分工。

我建议大家采取灵活的形式对家庭中的大小事件和合作方式进行沟通。比如，可以定期召开非正式家庭会议，在家庭聚餐时讨论，或者在发生某类事情的时候就地展开讨论，这些做法的目的都是制定规则和明确分工，改善合作方式，让大家在目标一致的情况下优化合作，从而节约每个人的精力。

方法至关重要，在家庭合作系统中，你需要关注 1 个前提、1 个重点、4 个执行注意点和 5 个借力的步骤。

1 个前提：一定要保证目标一致。如果大家的目标不一致，就引导大家相互妥协，直到一致，对某一类事情的看法和做法最好有统一的规则。参考第 2 课的价值 - 行为解锁图，制作家庭价值 - 行为解锁图，确定家庭年度目标。在年度目标一致的前提下，看各自应该做什么。

1 个重点：分工明确。

4 个执行注意点分别如下。

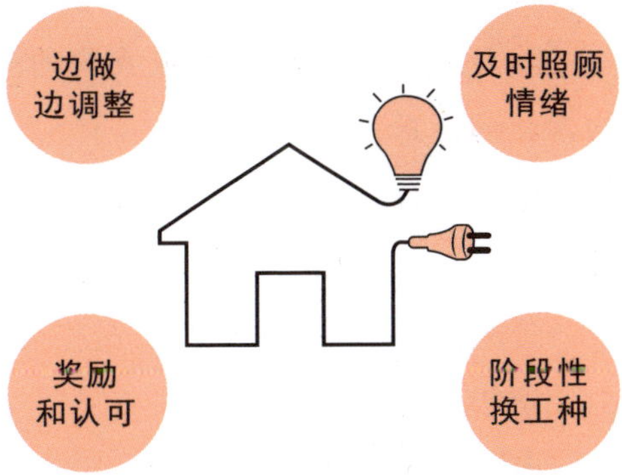


注意点 1：边做边调整。

注意点 2：及时照顾情绪，当看到有人发生情绪改变时，要做出相应的缓和性的行为。

注意点 3：阶段性换工种。在家庭合作系统中，事情多而且琐碎，长期做同一件事容易让人不耐烦，引发疲劳和不满。对此，可以采取阶段性换工种的策略，比如，周一到周五妈妈烧饭，周六、周日爸爸烧饭。

注意点 4：阶段性奖励和认可。家庭中的任何一个人都是不容易的，及时地互相认可非常重要。一顿精心为对方准备的晚餐，一次奖励性的家庭出游，给对方放的一个小小的假期，如建立“妈妈休息日”“爸爸休息日”“外婆休息日”“奶奶休息日”等，能让家庭中负责某件事情的人员感到自己的辛苦被体谅、认可了。

这样才有助于我们建立和谐、高效、舒适，大家的精力都不会被无端消耗的家庭合作系统。

家庭合作系统中的借力主要有五大步骤，你可以称其为“五步达成合作法”。

为了把这 5 个步骤讲清楚，我给大家讲一讲我的学员小 O 妈妈的故事。

小 O 妈妈每天真的特别忙。小 O 妈妈对我说，她每天“忙成狗”，学了很多规划、计划的技巧，时间表排得满满当当，想把事情按照紧急和重要程度分类，但总是每一件事情都又紧急又重要！工作上，同事做的项目报告总是漏洞百出，她老得“擦屁股”；生活上，孩子只黏着她，不亲近爸爸。她真的想有一些属于自己的时间，可以看书、练舞蹈，或者提升一下自己的职业价值，体会一下繁忙中有从容、时刻精力满满的感觉。

实际上，小O妈妈的重要问题在于她凡事亲力亲为，不会借力。

借力是精力管理中非常重要的一个秘诀，它让我们可以整合周边一切人物的资源来达成目标。

可是小O妈妈说：“我知道要去找别人帮忙，可是他们都不‘给力’，所以我才这么累啊！”

真的是这样吗？接下来我将为大家详细讲述从家庭合作系统中借力，解放自己的5个步骤。

**步骤一：对任务进行分类，找出什么是必须自己做的。**

是的，与工作一样，在家庭合作系统中，你也要对任务进行分类。必须自己做的，那就亲自做；可以让别人替代的，就尽量做好分工。比如，去超市买菜，你要的结果是什么？买到菜。那么谁买其实都一样。这种事情就是可以分担出去的，分工给最合适的人做即可。注意，你一定要考虑你想要的结果是什么。如果你喜欢烹饪，要的是享受烹饪的乐趣，那么做饭就是不能分担给别人的任务，因为只有亲自做饭才能享受这种快乐。如果你想要的结果就是有一口热腾腾的饭吃，饭是谁做的都没有差别，这时候做饭就是一件可以分担出去的事情。

**步骤二：寻找理论上可以帮你的人。**

有的读者可能会说了，我对任务进行分类有什么用，我找不到能帮我分担的人啊。没关系，跟着我的方法来，我担保，你会发现生活中还真有不少这样的人选。但是首先不要去想他们是不是真的能帮你分担，而是只找理论上能帮你分担的人。对这样的人，我们会用这样一个概念来描述——“利益共同体”，它指的是在一件事情上可以共享成果和利益的人。

就拿做饭这件事来说，饭做好了，妻子、孩子、丈夫可以一起吃，那他们 3 个人就是做饭这件事情上的利益共同体。好，问题来了，我们发现只是找到这些人还不够，我们还要向他们借力。

步骤三：写出你认为他们不提供帮助的原因。

我老公为什么不帮我带孩子？因为他懒啊，他不听我的。

可是你有没有想过这些或许只是你的猜想？有没有可能“懒”只是你给他贴的一个标签呢？

事实到底是怎样的呢？其实很多时候我们认为对方不帮我们，也只是我们认为如此，不一定是真的。

接下来，问题的关键就来了：当我们认为对方不会帮我们的时候，我们在行为上是怎么做的呢？我们在行为上会配合他，让他真的不会帮我们。换句话说就是，对方的不配合来源于我们的配合。

在上述的例子中，小 O 妈妈到底是怎么样配合对方的？小 O 妈妈认为老公懒，自己寻求帮助的时候，对方会拒绝。所以她是这样说的：“孩子是我一个人的吗？你没看到孩子哭了吗？你就不能帮我看一下吗？我每天又上班又要照顾孩子，你却就知道打游戏，你就不能体谅一下我吗？”小 O 妈妈发飙的样子肯定不可爱，老公就更抗拒了。

来吧，让我来问问这位老公到底为什么不帮忙。原来啊，老公不帮小 O 妈妈带孩子是因为小 O 妈妈一直在抱怨他不“给力”，他刚一伸出友善的手，就被小 O 妈妈打回去了。

更好的表达方式是怎样的呢？你可以尝试这样说：“老公，你过来帮我哄哄孩子，好不好？我现在忙不过来，需要你的帮助，没有你真的不行。”

态度友好起来，不带批判和指责，只是摆出事实和提出需求，就很容易得到对方的理解和帮助。

步骤四：承认我们是需要对方的，跟对方沟通，表达需要，并且一定要表达希望对方怎样帮忙的具体行动内容。

比如，你可以跟老公这样说："今天我比较忙，晚上还需要加会儿班，你 8:00~9:30 看下孩子好不好？你给她读一会儿卡片，让我先把电脑里的工作处理完。"

步骤五：这是最重要的一步，将某件事全权交给对方之后，就相信对方会负责，如果不是原则性问题，不必让对方一定按你的方式注意每一个细节。

还以带孩子为例，只要对方把孩子哄好，把卡片读了，就可以了。也就是说，寻求帮助的同时，你要充分授权，对方只要能完成你所设标准的 80% 就足够了。不要太自以为是，该放权就放权。你会惊喜地发现，对方可以把孩子带得很好。我将这种方法教给了很多学员，过了一段时间后，她们惊喜地发现，自己的老公不但会在她忙的时候帮忙，而且会主动提出带孩子了，跟孩子的感情也加深了很多。看，这样的结果多好。

## 6.4 本课小结

本课中为大家介绍的是如何通过高效合作提高效率和减少精力损耗。

工作中遵循 3 条法则：贯彻二八原则；建立与上级及平级的和谐合作规则（频率、方式、内容都要注意）；合理沟通不同意见。

意见不同、互相说服也容易造成精力消耗。在工作中，要学会在意见不同的时候进行态度明确的友善沟通。本课教大家要从心态、技能、习惯 3 个维度培养果敢沟通的能力，在实践中遵循合作的 4 个执行注意点和 5 个步骤，学会借力，合作共赢，提高效率，节约精力。

# 7 习惯

## 开启你的精力自动驾驶系统

精力管理其实是一种长期的、系统性的习惯和行为改变。正如开篇我讲的那样，依据医学和心理学原理，采用科学的提升方法，做到开源、节流、广助力、扩效能，你就可以让自己的效率和精力水平不断攀升，使人生进入自带加速度的增长阶段。

本课主要讲解与精力管理相关的几个系统，包括身心健康系统、大脑放松系统、高效行动系统、挫折修复系统，帮助你养成习惯，进一步提升精力管理水平。

# 7.1

# 建立系统思维，养成标准操作习惯，变手动操作为自动驾驶

你肯定听说过“系统思维”这个词，或者至少听说过“系统”。我们常说成功的人有一套自己的系统，平时也常听到“这是一个系统问题”“这是一个体制问题”这种说法。

当我们说“系统”的时候，我们到底是在说什么呢？在我看来，系统思维非常特殊。它不属于任何学科——不属于工程学，不属于自然科学，也不属于社会科学，但它在所有这些学科里都能得到使用。系统思维也不是哲学，但是它提供了一种思维方法。不同领域的系统看上去差异很大，但是它们有共同的规律。系统思维提供了一种看问题的眼光，能帮你抓住这些规律。

系统思维还提供了解决问题的思路，特别是解决复杂问题的思路。系统是一种“套路”和“习惯”。本课要为你讲述的，就是关于精力管理的系统思维。

首先给你一个灵魂拷问：

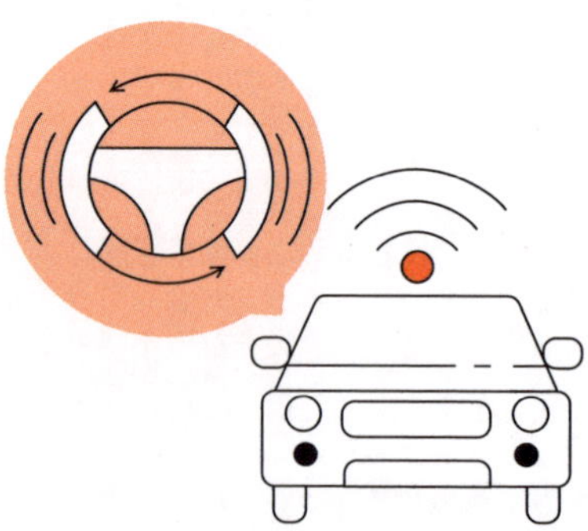

不管你通过什么平台和机遇，借助本书实现了精力管理“从 0 到 1”的第一步，当时间过去，合上这本书，你该怎么办？

你怎么从偶然尝试并获得甜头，过渡到展开可持续的、稳定的改善行动，并收获成功？

实现了“从 0 到 1”的精力管理尝试之后，下一步你的目标会是什么呢？

相信每一位小伙伴都非常期待形成稳定的精力体系和习惯。

那么怎么培养稳定的精力习惯？你需要一个系统，用“系统驱动”促使改善持续进行，并获得成功。有无“系统驱动”的区别见表 7-1。

**表 7-1 有无“系统驱动”的区别**

| 没有系统驱动 | 有系统驱动 |
|---|---|
| 目标笼统，未形成有效闭环 | 有明确目标，是完整闭环 |
| 各部分边界模糊，没有得到明确分解 | 各部分清晰分割，各分解动作有机地联系在一起 |
| 目标无法量化，达成目标全靠感觉 | 各部分情况可被量化和分析 |
| 成功和失败的原因模糊 | 能明确提供成败的关键原因 |
| 达成结果靠运气，不稳定 | 达成结果靠系统运作，更稳定 |
| 个人难以持续成长 | 个人可以加速持续成长 |
| 偶尔的失败被认为是灾难（出现归因谬误） | 成与败都是数据、财富 |
| 解决方案无法升级 | 解决方案不断升级 |

那么：

（1）什么是系统？系统为什么重要？

（2）怎样打造自己的个人精力系统？

（3）如何持续实现系统升级？

系统为什么重要呢？

如果一个人没有系统，那他的成功和遇到的事情都可能都是运气使然，是由外部因素决定的，找不到可复制的成功“套路”。

如果有系统，那他的成功就是有意识的，是系统运作的结果，是可以由内部因素决定的。

每次竞争的胜负是难料的，没有系统，你将不知道成功和失败的关键原因；而有系统的人能明确理解成败的关键所在，他只抓关键点，就能保证稳定地发挥其能力。

没有系统的人的个人成长是难以持续的，因为他们找不到关键环节和关键点，经常一头雾水，只有在运气好或者耍到小聪明的时候才会赢；有系统的人则可以不断地帮助自己迭代。

其实，世界上大多数人是没有什么明确的系统的。很多时候，人们失败了，却找不到原因，还经常出现心理学说的归因谬误。偶然的失败对他们来说可能就是一场灾难。他们会因为找不到根本性的原因而自我怀疑，陷入迷茫和焦虑，甚至完全地否定自己当下的这条路（我在近期的学员咨询中见到了很多这样的案例，这些学员无一例外都是在副业探索中小有成就，然后遇到障碍，就搞不清楚状况的）。

但是对于有系统的人来说，无论成功还是失败，都是财富，因为无论结果如何，都相当于对你这个系统的一种反馈，也相当于为系统的升级增添可分析的数据，这些都对系统升级有益。

那么，说到底，什么是系统？

一句话总结：系统是针对某类问题的一种闭环式的可升级的结构化解决方案。

关键词是：针对某类问题，闭环，可升级，结构化，解决方案。

这几个词，是系统的关键词。从这几个关键词中，我们不难看出，一个好的系统的要素包括：

- 有明确目标，是一个完整的闭环。
- 可升级。
- 各部分清晰分割但有机地联系在一起。
- 各部分的执行细节是关键。
- 各部分可被量化和分析。
- 运行过程中需要收集数据和反馈。
- 可用于自我监测和判断。
- 可用于科学解释正向或负向的现象。

而且，一个人一生可以有很多个系统，包括但不限于：

- 学习力系统。
- 思维模式系统。

- 工作系统。
- 他人合作系统。
- 阅读系统。
- 精力管理系统。
- 投资系统。
- 个人成长系统。
- 自我管理系统。
- 副业、兴趣、优势变现系统等。

最重要的就是，我们应该怎样建立和建设这些不同的系统。每一个系统都会是你针对某类人生问题的一整套解决方案。找到自己人生各方面的系统，并利用系统的稳定性、可持续性、升级性持续获得成功，才是我们所追求的。打造了个人系统，你就可以持续用内在决定外在。

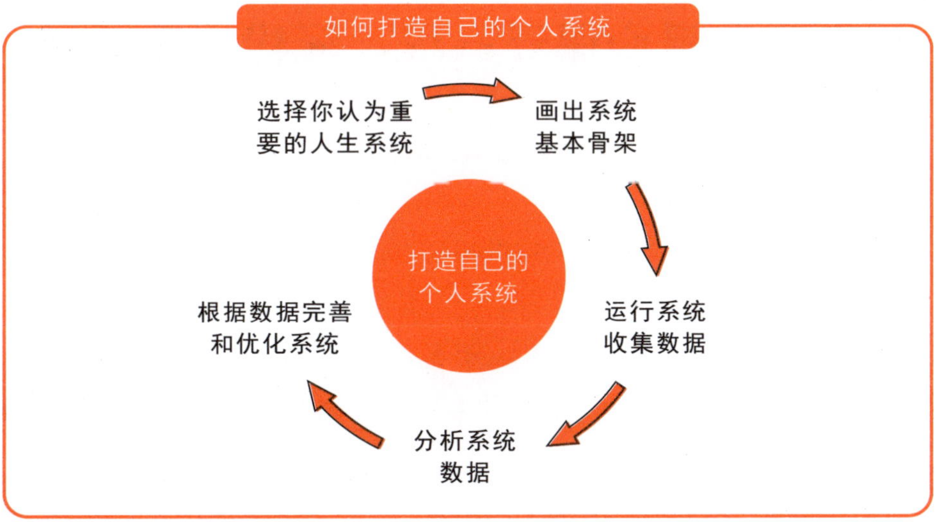


比如，你想减肥，那么减重多少斤？你打算在多长时间内实现减重？这其实就是明确的目标，它需要形成一个完整的闭环。什么叫闭环？

我讲一个开放未闭环的例子，大家就好理解了。大家经常开周例会，开会的时候大家讨论得很热烈，会讨论到一些问题，而且会记录到会议纪要中发给大家。但是会后没有人跟进，下次开会的时候也没有人去确认当时讨论的问题的解决情况和相关项目的完成情况。这其实就是开会而没有完成闭环。下次开会，大家可能还会提出过去说过的问题，造成效率低下。

安排专人跟进讨论结果，在下次开会的时候检查上次会议纪要中事项的完成情况，是非常有必要的。系统就可以帮助大家完整地完成这个闭环。所以，建立精力管理的系统，也就是建立精力管理和事件跟进的闭环。

## 7.2 建立内在身心保养系统，轻松无压地做自己

为了帮助大家更好地优化自己的精力体系，在这里我要向大家介绍两套由我归纳并提出的操作系统，一套是对内的，包括身心健康系统和大脑放松系统（将在本节介绍）；一套是对外的，包括高效行动系统、挫折修复系统（将在下一节中介绍）。这 4 个系统贯穿我们日常精力管理的始终。

第一个对内系统——身心健康系统，其建立的关键在于你对身心健康的“执念”。

前面的章节中已经讲了很多关于饮食、睡眠的内容，这里举一个关于“我在酒店游泳”的案例，帮助大家理解我头脑中关于“规律运动”的系统——这套系统的特点就是我每时每刻都惦记着“规律运动”这件事。看了下面的案例，如果你真正能抓住我表达的理念，你就可以很快

找到其他类似于酒店游泳、等电梯时拉伸这类能快速切入运动状态的碎片锻炼方法。总之，如果你有随时随地利用周边一切条件锻炼的理念，那么规律运动太容易了。不要钻牛角尖，执着于每天用同一种方式进行锻炼，你只要有意识地保持每天 30 分钟的任何形式的锻炼就可以。这种锻炼可以是任何你喜欢的、可以随时开始做的事。

## 为什么我不肯放过任何一家星级酒店的游泳池
## ——来自公众号 婧鉴商学院（Remmi_Growth）的一篇推文

因为工作的关系，我经常出差。

在出差要带的各种物品中，除了电脑、手机和其他生活必需品，对我而言不可或缺的装备就是游泳衣。我不会放过在任何一家星级酒店的游泳池里游泳的机会。

到了酒店，收拾好行装，准备好第二天的会议或者客户拜访，我就开始琢磨去游泳池看看了。

通常，我会在游泳池消磨一个小时的时间——游半小时，洗漱整理半小时，然后慢慢地走回房间。在这个过程中，我的身心都能得到很好的放松。

只要酒店有泳池，除非是天大的、紧急的事情，否则我一定会把它排在游泳之后。

事实证明，并没有什么天大的、紧急的事情需要那时那刻立即处理，基本上我都能完成“游泳一小时”这个任务。

对此，我已经养成了习惯，以至于如果某家酒店有泳池而我没有抽出时间去游泳，我会觉得“亏欠”自己。

我不放过在任何一家酒店游泳的机会，是因为这个过程实在能使我获益良多。

（1）体验不同的泳池风景：人生在于体验，体验带来的新奇感会让你心情美好、情绪积极。这些年我入住过的酒店比较多，体验过室内漂亮的热带风情泳池、洒满阳光的玻璃房泳池，也体验过室外美丽的弧形“泳湖”，我甚至体验过几次看起来无边无际的露天泳池。每到一个新的环境，我都感觉特别惬意。随着微风的吹拂在屋顶游泳，我感觉自己像在大海中游荡，无比放松。

（2）养成为锻炼设定“事件边界”的习惯：因为出差期间的时间安排通常比较紧张，所以即使去游泳，也不能游太长的时间。我在“瑞米精力管理训练营”里对大家讲过有关事件边界和最后期限的帕金森定律，为在酒店游泳这件事设定事件边界就能有效避免磨蹭。试想如果你在家里，从决定去游泳、做心理建设、收拾行装、出门，到抵达游泳馆或健身房等，这一系列操作步骤，没有两个小时是下不来的。正因为巨大的时间消耗和前期准备工作的“烦琐”，人们才不容易坚持锻炼。

（3）方便自己远离喧嚣，深入思考事情：出差的好处在于你可以暂时抛开公司、家里的一些比较琐碎的事情，只专心面对当下这趟出差要解决的事。而在酒店里游泳，这种“心无杂念”的感觉更强烈。泳池通常只有两三个人，甚至只有你自己。在反复踢腿、伸臂的动作中，你可以很冷静平和地深入思考一些问题，尤其是一些与职业发展、团队管理、家庭发展、副业发展等相关的战略性的长远问题，还特别容易涌现一些创意性的想法。有时候我还会在游泳的过程中构思一些文章或者课程的思路，游泳结束后快速地落笔成文。

（4）省时、省力、高效率，因为可以较快地进入运动状态：在酒店里游泳的好处在于，从房间走到泳池只需要几分钟，从决定去游泳、拿上设备走到泳池、下水游泳，到蒸桑拿、洗澡、整理完毕回到房间，总共只需花费一小时左右。这样可以非常高效率地达到锻炼目的。

（5）强化了我“规律运动很容易，不要钻牛角尖，拘泥于形式”的理念：有的朋友看了这一节的内容，也许会觉得“又能怎样呢，我没有出差时在酒店游泳的机会啊”。如果你只想复制我“出差期间找机会在酒店游泳”这个动作，那就是只看到了表面现象。实际上，如果你真正能抓住我表达的理念，你就可以很快地找到其他类似的碎片式的锻炼方法。规律运动并不难，每天严格遵循同样的锻炼其实没有必要，能有意识地花半小时进行你容易上手的运动就已经很好了。

比如我在第5课中分享过的：

- 要去不同的楼层开会时，提前几分钟走楼梯过去。
- 在等待同事一起开会前，做一些活动颈椎、腰椎的肢体运动。
- 早晨刷牙时，做一些下蹲起和压腿的动作。
- 如果有较长时间的工作电话要打，可以拿着手机去楼下，在有阳光照射的地方一边散步一边打，等等。

所以，不要简单复制我出差期间在酒店游泳这件事，并因为自己无法复制而给自己找借口，放弃锻炼，而要了解到：

- 我不放过的，不仅仅是几家酒店的几个泳池。
- 我不放过的，是包含对锻炼的执念，对健康的坚持，对自我静思的追求，以及对自律和成长的欢喜的这套“坚持”的系统。

第二个对内系统——大脑放松系统，其建立的关键在于你要学会科学的放松大脑的方法。

大脑放松系统是一整套自我觉察和主动摒除杂念的操作，也是对大脑的彻底放松。规律性地进行这套对保证我们大脑和心灵的健康很有好处。

慢性压力是“大脑杀手”。经常感受到压力，尤其是慢性压力，会极大地影响你大脑的结构和功能，造成对大脑的损伤。所以大脑必须得到适时的放松。

压力来源于人体内的一个神经反应轴，这个反应轴由下丘脑、垂体、肾上腺 3 个部位构成。它最主要的作用是让人可以应对突发的危险状况。远古时代，当人类在野外遇到一头猛兽向他扑过来时，他一定会心跳加速、血压上升、呼吸急促、注意力高度集中，身体调动所有的资源去和猛兽战斗，或者逃跑。这种“战斗或逃跑”的反应，就是由“下丘脑 - 垂体 - 肾上腺轴”控制的。

现代社会，当人们遇到一件压力很大的事，这一反应轴会被激活，通过一系列的反应，最后刺激肾上腺分泌肾上腺素和皮质醇。皮质醇是人体应对压力的重要激素，你可以把它理解成人体的报警激素，它能够让血糖上升，维持血压稳定，还能控制我们身体的炎性反应等。

皮质醇含量的短期上升对身体有一定的保护作用，但如果长期处于压力状态，皮质醇长期大量分泌，就会给大脑带来很多问题。如果体内存在太多皮质醇，身体会将大量葡萄糖或其他燃料优先传输到肌肉（因为在压力下你总是要战斗或逃跑），相应地，大脑获得的养料就会减少，长期后果就是大脑与学习、记忆和压力控制相关的能力都会降低。

不仅如此，皮质醇过多还会导致神经元之间突触连接减少，引起大脑的萎缩，尤其是前额叶皮质的萎缩。前额叶皮质掌管着我们的注意力、决策制定和社交互动，它的萎缩会直接导致我们难以集中精力，没有办法进行有条理的决策，社交动力也会下降。

而且，皮质醇水平长期较高的人，患阿尔茨海默病的风险也比较高。所以可以毫不夸张地说，慢性压力是“大脑杀手”。

你需要通过定期主动地放松来“清除”这个“杀手”。

大多数人可能会觉得，放松还不简单吗？不就是躺着什么都不干吗？我玩一天手机、看一天电视不就行了吗？实际上很多人把娱乐和放松搞混了，真正的放松在生理上与娱乐完全不同。

放松的本质是通过激活副交感神经系统，抑制原来兴奋的“下丘脑－垂体－肾上腺轴”的活性，让人不再随时准备“战斗或逃跑”。在放松的过程中，人的心率、呼吸频率、血压都会降低，皮质醇水平也会跟着下降，大脑还会产生一种特定的脑电波——α 波。

而在娱乐的时候，人们会觉得“爽”，是因为大多数的娱乐会刺激我们的大脑，促使其通过快速、短暂的多巴胺分泌来获得快感。但快感并不意味着放松，比如看电影，看到惊险刺激的镜头，人的下丘脑－垂体－肾上腺轴会被激活，心跳会加速，血压跟着上升，这与放松其实是背道而驰的。

那怎么才能真正地放松呢？

进入真正放松的状态，你会表现以下两个特点：

- 身体动作很少（比如，安静地坐着或躺着不动，只保留呼吸动作），大脑聚焦，情绪平和。
- 体验当下，对自身身体和周围环境产生有意识的觉察。

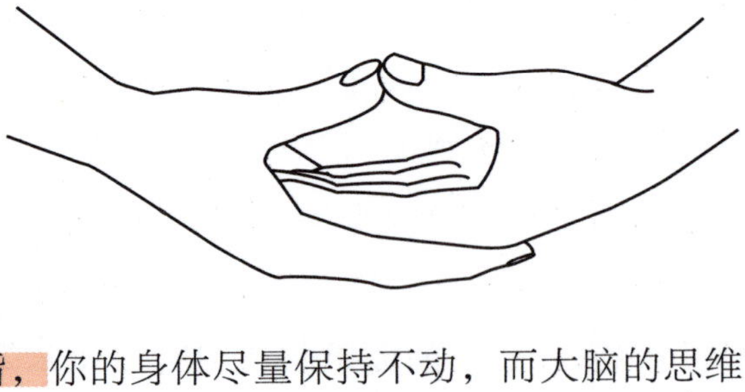

第一点是指，你的身体尽量保持不动，而大脑的思维可以聚焦在一件比较能让你专注的事情上，比如你的呼吸、眼前的风景、喜欢的一幅国画，等等。

第二点是指，你对自身身体和周围环境有着深度的觉察，这意味着你在做放松这件事的时候，大脑会全神贯注地去感知这件简单的事，达到身心合一，这样会有很好的放松效果。就像佛家说的："心无杂念，专注当下，砍柴即砍柴，烧饭即烧饭，挑水即挑水。"

那么具体哪些事可以让我们放松呢？实际上，只要不会让我们的身体进入"战斗或逃跑"状态的事情都算，每个人都可以找到自己喜欢的事。比如，我喜欢的放松的事是"专心、有仪式感地吃早饭"。每周，我至少有 5 个早晨会吃"放松式早餐"：专心地面对眼前的早餐，头脑中不思考任何复杂的事，不抓紧时间进行当天的工作安排，不打开微信看有什么未读消息，就只是专心地吃早饭，体会大脑如何全神贯注地感知身体一口一口吃早饭这件简单的事，达到身心合一。

要达到真正的放松，你必须把"让大脑放松"这件事当作一件事来做，并且要懂得"磨刀不误砍柴工"的道理，不要觉得"放松"是在浪费时间。

还有哪些简单易行的放松方法呢？我在不同的章节中对大家提到过。

第一个方法是冥想。冥想可以说是被研究得最多的一种让大脑放松的方法。本质上，冥想是在训练我们用旁观者视角来看待自己的想法。很多时候，紧张和压力来自大脑对不确定性和外部刺激的担心，比如担心这次任务完不成、期末考不好、孩子不听话。如果你让担心控制了大脑，就会持续地觉得有压力，这种压力会损害你的大脑。那怎么消除这种担心呢？冥想的时候，你可以抽身出来，以旁观者视角观察这个想法，看看它是怎么产生的，又可能怎么发展。

第二个方法是回忆感恩时刻。你可以拿一张纸，把过去一段时间内令你觉得特别感恩的事记下来，然后在脑子里回忆那个感恩时刻。感恩是一个非常有效的能帮助你放松的方法。因为当我们的大脑觉得感恩的时候，就不可能同时感到焦虑或恐惧。不但如此，感恩还是一个"快乐加速器"，能让你瞬间告别沮丧，获得快乐。通过写感恩日记或者回忆感恩时刻，养成感恩的习惯，就能提醒自己已经拥有了什么，有多么幸运，自然就不容易焦虑了，还能增强克服困难的信心和耐力。

其他常见的放松活动，比如瑜伽、按摩等，也都是不错的放松方法。但关键的是：你要学会跳出来深度觉察自己的身体，感知到自己是不是处于慢性压力和紧张的状态中，然后通过练习这些方法让自己放松下来。

## 7.3 建立外在行动和反馈系统，高效无压地面对未来

上一节给大家介绍了对内的身心健康系统和大脑放松系统，旨在帮助大家由内而外地进行身体和大脑的放松。这一节将介绍高效行动系统和挫折修复系统这两个对外的系统，旨在帮助我们提高行动力和应对挫折、持续前进的能力。

### 建立高效行动系统

第一个对外系统，是高效行动系统。高效工作和精力管理是一整套操作方法，我在本书前面的章节中已经为大家介绍了很多方法。这里重点强调的是你要建立自己的系统，每天去执行它。

总结起来，这套系统包括以下操作方法。

- 目标管理、目标分解。
- 行动力改善。
- 价值－行为解锁图和每日计划清单。

- 专注力内外部因素改善。
- 事件边界制定法和时间、精力的结构化。

相关的知识已经在前面的章节中介绍过，本节将重点为大家分析系统的行动力。

行动力是职业五力模型当中的第二层能力，从管理学的角度讲，是指制定战略，自我控制，同时突破自己，通过一步一步分解动作，达成目标的能力。

行动力的关键是使自己形成正向激励的良性循环。

优秀的行动力，一定是长时间自我训练的结果。从整体角度来说，提升行动力有以下 5 个步骤。

第一，要特别明确你的动机是取得成就的关键因素。

很多成功的人之所以成功，很多时候只是因为在某些事上，他们拥有比其他人更持久和强烈的动机。我们通过深度激发自己的动机，可以在一定程度上提升行动力。动机的提升是形成自己正向激励的良性循环的一个起动机。

心理学上的动机一共可以分为 4 种，它们都能以不同的方式影响我们的行为，驱动我们做出改变。

- 内在 - 正向的动机：发自内心的、鼓励我们做出积极行为的动机，比如挑战、期望、激情、满足感、自我确认；它往往能够给我们带来内心的成就感、价值感，使我们完成和巩固整个行为改变的过程。

◆ **外在 - 正向的动机**：被外在的好处驱动，比如被他人欣赏和承认，或经济上的奖励；它可能会带来一些行为改变，使我们产生一定的成就感，但影响力往往是短暂的，影响范围是狭小的。行为能否持续以及能否持续带来积极的情绪，依赖于外界给予的奖赏、好处。

◆ **内在 - 负向的动机**：被内心负面的感觉所驱动，比如感到威胁、害怕失败、感觉空虚和不安全；它可能会带来一些行为改变，但之后这些改变可能会消失。

◆ **外在 - 负向的动机**：被外界可能的不良影响所驱动，比如不被他人尊重，有经济或人际上的压力，承受来自对自己非常重要的人的压力，过着不稳定的生活等。它可能会使人成功，但有着这样动机的人可能再次失败——被逼着做出的改变都很容易消失。

如果你希望自己能够长期拥有行动力，你需要找到内在 - 正向的动机。那么如何找到内在 - 正向动机呢？第 2 课中关于价值排序的介绍中已经给了大家明确的答案。

你的价值排序就是你的内在 - 正向动机。

第二，有了动机之后，你还得有具体的目标。

行动力和自我感动的努力之间的区别，就是你的行动是否真的能够让你接近你的目标。所以你在行动之前一定先要有明确的目标，有目标你才能在行动中果敢、坚持。这目标一定要是具体可见的、可量化的、有时间限制的。

第三，仅有大目标还不够，还需要分解出具体行动。

半途而废也是行动力不足的一种极为常见的表现。宏大的目标可以让人在想起来的时候激情澎湃，却在落地时不知道从哪里下手。原因就是没有将大目标分解为可操作的具体行动。具象化可执行意图表可以帮大家把目标变成行动方案。

第四，你要成功做出第一个具体行动。

比如你要去健身，保持身材，那么穿上运动鞋出门，就是你的第一步；要想养成高效管理精力的好习惯，上完每节课后认真做作业，就是行动的第一步。

第五，在行动的过程中，创造及时接受评估、进行修正的机会。

这个评估可以来自你自己，比如你在减肥的过程中用一些电子运动辅助工具帮助自己记录和反馈；也可以来自你周围的朋友，比如在你学习新技能的过程中，小伙伴对你阶段性进步的认可；还可以来自你开展工作、推进项目的过程中老板的反馈等。再比如，你在学习精力管理课程的过程中，参加读书会活动，或请老师点评等，都是获得反馈、促进成长的途径。

这个评估的过程，本质上是一种“正向激励”的条件训练方式。人们本质上和巴浦洛夫的狗一样，我们可以用条件反射来激励自己，强化自己的一些行为。当我们的行动给我们带来了正面的反馈时，我们就会重复这种行为。

除了以上 5 个步骤，我再分享给大家 7 个提升行动力的小窍门。

（1）学会与当下建立深度联系，全情投入，不再胡思乱想那些过去没做到的以及未来能做到的事。面对此刻，开始考虑如何实现目标、解决问题。

（2）学会对他人负责。告诉很多人你要做的事，或者让你要做的事和其他人联系起来。你会为了对他们负责而提升行动力。

（3）对自己负责。深入了解自己，挖掘自己的价值认同，从而找到内在 - 正向的动机。但这对新手而言会有点难。人们不容易客观评价自己，但时间长了，你会懂得如何对自己内心的标准负责。

（4）放松一点。不要把目标想得太重要，这会吓得你不敢行动。能做好当下这步就好。有时候完成一步看一步的策略会让你更轻松。

（5）列出你要做的事，但这份列表一定要短。我的待办事项列表通常比别人短（筛选重要的任务、客观评估任务的可行性本身就是能力）。千万不要心血来潮写很多，如果你因为觉得做不完而放弃，并对自己产生负面评价，你会更抗拒行动。所以，只要能做完待办事项列表上最重要的两三件任务，就已经是进步。

（6）把注意力集中在“怎么做好呢”，而不是“要是 ××× 发生了我可怎么办呢”。不要把注意力放在消极假设上，那会影响你做事的情绪和信心。

（7）用小事点燃你的激情，从小事做起，先把最简单的事完成，你就已经是个行动者了，而不会成天等着启动那个最宏伟的任务。

## 建立挫折修复系统

第二个对外系统，是一套你可以拿来就用的挫折修复系统，它能帮助你在任何情况下触底反弹，最大限度地保存精力，减少浪费。挫折修复系统是一套可以让我们在面对挑战和挫败的时候快速恢复弹性的方法。

罗振宇曾经在跨年演讲中特别提到，在这个时代，我们不是要“战胜困难”，而是要“习惯困难”。困难和不顺利已经是这个世界的一种常态。遇到困难或挫折，人们不可能不情绪低落。如果能有一套方法帮你快速地恢复弹性，那这个系统将成为你的核心竞争力。

这里分享一个四步转化法，帮助你获得“正视挫折，迅速调整，客观面对”的能力。将这套方法变成你的仪式性习惯，你就建立起了完备的挫折修复系统，这对于提升你的精力水平非常有帮助。

具体的做法就是要有仪式感地按下面的 4 个步骤进行操作，然后将它们自动化。挫折修复系统的这个四步转化法是由良性压力四步转化法演变而来的，前者的不同之处在于其处理的是伤害程度更大的“挫折”。

在面对挫折和不如意时，我们可能会有两种截然不同的心态，也就是学习者心态和评判者心态，这两种心态可以带来截然不同的结果。大家可以从下图中看到这两种心态的区别。

为了提升你抗挫折和从挫折中恢复的能力，你可以找个安静的时间，倒一杯水，坐下来，打开电脑，建立一个名为“暂时的挫折”的

Word 文档。注意名字一定要是“暂时的挫折”，这是一种心理暗示，能让你“感觉到”这个挫折是暂时的，未来是有可能解决的。

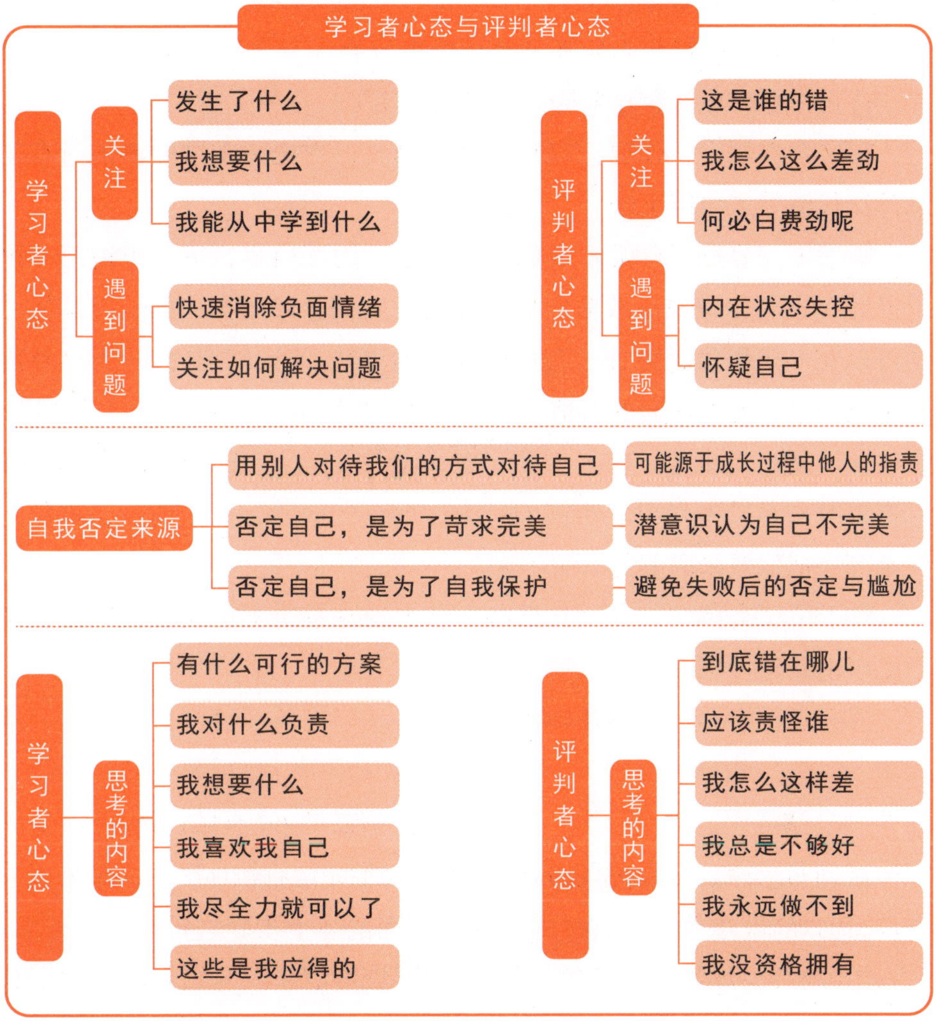


接下来按下述的 4 个步骤操作。

**第一步，描述挫折。**先简单地倾倒一下大脑里的“挫败感信息”。写下面对这个挫折时你大脑里的所有想法，并利用以下提示帮助你思考：

- 对于这件事情，你原本的预期。

- 这件事情现在的结果。
- 这件事情造成的影响。
- 你对这件事的感受。
- 别人（只写关键的人即可）对这件事的看法。
- 最让你感到郁闷和挫败的点（写 3 个）。

在这个步骤中，你要一直写，直到你觉得你把关于这件事的所有信息都交代清楚了再停下来。

第二步，给挫折分类。当你写完之后，通读内容，筛选出这份“挫折描述”中对你来说最致命的点，然后把它们分成两类：第一类是你感觉可以在一定程度上弥补、有可能改变的事情，第二类是你认为你解决不了或者已经无法挽回的事情。

对于第一类事情，你需要想一想弥补它们所要采取的行动。例如，你需要寻求帮助的对象、实施的行为、解决的问题、做的调查、筹备的资金等。把你要采取的行动写下来。

对于第二类事情，也就是那些你认为现在解决不了或者已经无法挽回的事情，进行下面的第三步。

第三步，将第二类事情转化成疑问。我们在前面讲过，当你把一件看似不能解决的事变成疑问时，你的大脑就会自动尝试去回答，尝试回答的过程就是你努力去解决它的过程。把第二类事情中的每一件事情的相关疑问写下来，如果你能遵循步骤，找到每个问题的答案，那么事情就迎刃而解了。

你可能会自己想出解决问题的方案，也可能会从与别人的对话中获得灵感。通常情况下，解决问题最简单的方法，是向帮得上忙的人求助。现在，想一想你可以与谁讨论这个问题的解决方法。他有可能是你的导师、朋友、同事、家人、合作伙伴或者任何你信赖的人。

常见的问题表达有：

- 这次挫折给我的教训是什么？
- 要让事情“不那么糟”，我需要哪些条件和帮助？

- 哪些条件是现阶段不具备的？我该怎么做才能让条件更充分？
- 我可以向哪些人寻求帮助？
- 我可以利用哪些资源？
- 可能存在什么风险？

第四步，设定行动期限。规划采取行动的具体时间，回答每一件事情对应的每一个疑问，并给每个行动设定完成的最后期限，这样你就有可能积极地去完成它。想好了可以向谁求助，需要满足什么条件，就行动起来。行动的时候，你会带着这种解决方案的“半成品”——就像“挫折修复良药”；行动的过程则会带给你寻找问题解决方案的快感，随着疑问一个一个被回答，你会感受到被激励，精力充沛。

这个四步转化法，其实就是一个帮你梳理那些给你带来消极情绪的事件，并且尽量把它们转化为可完成的、有期限的行动的过程，是“挫折修复系统”的一套操作方法。

## 7.4 本课小结

精力管理其实是一种长期的、系统性的习惯和行为改变。本课在前 6 课的基础上，为大家讲解与精力管理相关的几个系统，包括身体健康系统、大脑放松系统、高效行动系统、挫折修复系统，帮助大家进一步养成习惯，提升精力管理水平。本课为大家讲述了“系统”的概念、特点、要素，以及我们人生中常见的系统。要在一生中持续积累复利、持续提升，就一定要找到自己在个人成长和待人接物等方方面面上适用的系统。

身心健康系统的重点是你要形成对身心健康的“执念”，利用一切可利用的条件追求锻炼和健康；大脑放松系统的重点是学会随时随地放松大脑，专注于当下的觉察。冥想、回忆感恩时刻、有仪式感地吃早饭，都是不错的方法。

想拥有高效行动系统，需要 5 个步骤：明确动机是取得成功的关键因素；确定目标；分解出具体行动；做出第一个具体行动；创造接受评估的机会。还可以结合提高行动力的 7 个小窍门来进行实践。挫折修复系统重点强调在遇到挫折和否定时的学习者心态和评判者心态的对比，以及进行挫折修复的 4 个步骤：描述挫折；给挫折分类；将第二类事情转化成疑问；设定行动期限。